圖解系列

圖解

五南圖書出版公司 印行

數　學

第二版

吳作樂
吳秉翰 / 著

閱讀文字

理解內容

觀看圖表

圖解讓
數　學
更簡單

前言

前言

　　大多數人認為數學等於困難，並且會問為什麼學數學？數學有用，有用在哪裡？生活中充斥著數學，但又在哪裡？我們必須知道數學是科技進步的重要一環，但數學更是人類文明重要一環。而我們要如何學好數學？從人類學習的模式來看，以藝術領域中最抽象的音樂為例，我們到底是先學會唱歌（或聽音樂），還是先學會看、寫五線譜？無庸置疑，當然是先會唱歌或聽音樂。以及我們在其他科目都是先學該科目的藝術面，再學習學術面，如國文課先賞析再解釋、歷史先聽故事再研究。但是我們的數學教育卻是順序顛倒：要學生花最多時間學會看、寫五線譜（列式子，背公式，解考題），卻很少給學生唱歌或聽音樂的時間（看到數學，看到活生生的應用）。因此我們的方法是「**先學唱歌，再學樂理**」，先看圖再看數學式，先看歷史、人文、藝術、應用，再來討論數學。**進而減少背一大堆公式的必要及大量的機械式練習，重建對數學學習的信心和興趣。**此方法已在教學實踐中證明是有效的。

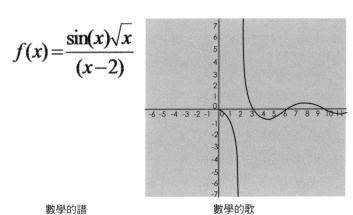

$$f(x) = \frac{\sin(x)\sqrt{x}}{(x-2)}$$

數學的譜　　　　　　　　　　　　數學的歌

　　本書是敘述數學之美的書，而不是敘說數學多有用的書。數學是一門最被人們誤解的學科，它常被誤認為是自然科學的一支。事實上，數學固然是所有科學

的語言，但是數學的本質和內涵比較接近藝術（尤其是音樂），反而與自然科學的本質相去較遠。本書從人類文明發展的脈絡來說明數學的本質：它像藝術一樣，是人類文化中深具想像力及美感的一部分。並且是學習民主的不二法門，培養邏輯唯一的道路。並且可以了解後，可以發現數學史就是人類發展史，數學發展到哪裡，世界就進步到哪裡。

為何會對數學誤解？其原因大致如下，我們的制式數學教育只注重快速解題，熟記題型以應付考試的需求，造成學生及家長對數學的刻版印象就是：一大堆作不完的測驗卷及背一大堆公式。在這種環境下，如何能期待多數的學生對數學有學習的動機和興趣？其結果是，用功的學生努力背題型，背公式以得到好成績，考上名校。就業後，除了理工科系外，其他人發現生活上只要會加減乘除就夠用了，以往多年痛苦的學習顯然只是為了考試，數學不但無趣也無用。至於沒那麼用功的學生早在國中階段就放棄數學了。因為就投資報酬率而言，數學要花太多時間，且考試成績未必和時間成正比，將這些時間用在別的學科比較有效益。

更糟的是，我們的社會謬誤將數學好不好和聰不聰明劃上等號。固然，數學很好的學生顯示他對抽象概念掌握能力不錯，僅此而已，不多也不少。至於數學不好的學生也只顯示他的抽象概念掌握能力有待加強，與聰明程度無關。請問，我們會認定一個五音不全（音感不佳）的人就是不聰明嗎？

此外，我們的教材有很大的改進空間。譬如說，專為考試設計的「假」應用題，然而最糟糕的是：為了在短時間內塞進太多內容，教材被簡化成一系列的解題技巧和公式。

事實上，數學絕對不是一系列的技巧，這些技巧不過是一小部分，它們遠不能代表數學，就好比調配顏色的技巧不能當作繪畫一樣。換言之，技巧就是將數學這門學問的激情、推理、美和深刻內涵抽離之後的產物。從人類文明的發展來看，數學如果脫離了其豐富的文化內涵，就會被簡化成一系列的技巧，它的真實面貌就被完全扭曲了。其結果是：對於數學這樣一門基礎性的，富有生命力，想像力和美感的學科，大多數人的認知是數學既枯燥無味，又難學又難懂。在這種惡劣的學習環境及社會謬誤的影響下，學生及父母親或多或少都會產生數學焦慮症（Mathematics Anxiety）。這些症狀如：

(1)考前準備這麼多，為何仍考不好？是不是題目作得不夠多？

(2)數學成績不好，是否顯示我不夠聰明，以後如何能出人頭地？

(3)除了交給補習班及名師之外，有沒有其它方法可以學好數學，不再怕數學，甚至喜歡數學？

　　數學焦慮症不是一天造成的，因此它的「治療」也要循序漸進。首要是去除對數學的誤解和恐懼，再服用「解藥」（新且有效的學習方法、教材）。本書說明數學影響及於哲學思想和推理方法，塑造了眾多流派的繪畫和音樂，為政治學說和經濟理論提供了理性的依據。作為人類理性精神的化身，數學已經滲透到以前由權威，習慣，迷信所統治的領域，而且取代它們成為思想和行動的指南。然而，更重要的是，數學在令人賞心悅目和美感價值方面，足以和任何藝術形式媲美。因此，我深信應該將數學的「非技巧」部分按歷史發展的脈絡納入教材，使學生感受到這門學科之美，從而啟發學習的動機。使得學生能大幅降低對數學的恐懼，增加信心，進而體會數學之美。同時，也因為更有自信，就能更有效率地學習「技巧」部分，大幅減少機械式的技巧練習，面對考試可以少背公式仍能得高分，徹底消除學生和家長的「數學焦慮症」。

本書特色

　　為了讓學生容易學習，本書使用大量圖像，使學生可以看到數學家腦中的數學圖案與藝術。此外本書會出現連結，輸入網址後可觀看彩色圖片及影片。並了解數學與文明的關係圖。

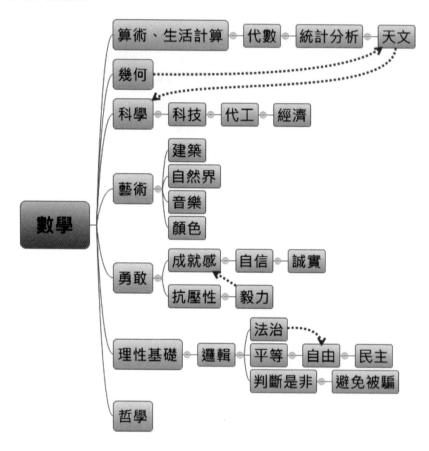

　　在本書出版之際，特別感謝義美食品高志明先生全力支持本書的出版。本書雖經多次修訂，缺點與錯誤在所難免，歡迎各界批評指正，得以不斷改善。

　　「數學家像畫家或詩人，都是形態，樣式的創造者，他們的作品必須是美的，他們的創意，也必須像顏色或語句，很協調地組織在一起，美是數學的第一道考驗，不美的數學在這世上毫無地位。」　　哈代(Godfrey H Hardy)　英國數學家

　　「我的工作通常需要努力結合真理與美感，但若被迫兩者選其一時，我一向選擇美感。」　　赫曼・懷爾(Hermann Weyl)　德國數學家

　　「數學家研究數學的動機並非因為數學有用，而是它是無可比擬的美感體驗」。　　龐佳萊 (Henri Poincare)　法國物理學家，數學家

CONTENTS 目錄

前言

第3章 文藝復興時期

第4章 啟蒙時期

第5章 近代時期

第6章 現代時期

第7章 數學與文明

第8章　其他

「數學是一切知識中的最高形式」

柏拉圖 (Plato)，BC 427 – 347 古希臘哲學家

「數學能促進人們對美的特性，數值、比例、秩序等的認識。」

亞里士多德 (Aristotle)，BC384 – 322 古希臘哲學家

圖片，Caryatid，取自Wiki，
CC3.0，作者，Sailko

第1章
西元前

1-1 **認識各古文明的數字（一）：埃及**

　　西元前五百年，當時的數學發展只侷限於數字，無論是埃及 (Egypt)、巴比倫 (Babylon)、印度或中國等古文明，都是如此。當時的數學應用，僅限於數字的實際應用，如：建造金字塔、建築城牆、發明武器、劃分農地、興建水利及道路工程等等。當時的數學計算就像是烹飪書一樣，針對某形態的問題，有一相對應的解法，數學的學習就像是背「烹飪書」，把數字套進正確的公式去就可以得到答案。這時期的數學僅限於數字及簡單幾何圖形在實際生活的應用。見圖 1、圖 2、圖 3。同時埃及的分數是么分數的形式，也就是分子永遠都是 1。因為每個分數可以是多個么分數相加形式。由此我們可以認識埃及的數學。

例題 1：

$$\frac{11}{27} = \frac{33}{27 \times 3}$$ 　製造分子為 1 的相加分數，要先擴分，新分子比原分母大

$$= \frac{27}{27 \times 3} + \frac{6}{27 \times 3}$$ 　拆成兩項，前項讓原分母能約分

$$= \frac{1}{3} + \frac{2}{27}$$ 　後項再做一次先前動作

$$= \frac{1}{3} + \frac{28}{27 \times 14}$$ 　後項擴分

$$= \frac{1}{3} + \frac{27}{27 \times 14} + \frac{1}{27 \times 14}$$ 　後項拆開

$$= \frac{1}{3} + \frac{1}{14} + \frac{1}{378}$$ 　得到么分數相加

例題 2：

$$\frac{13}{17} = \frac{26}{17 \times 2}$$ 　製造分子為 1 的相加分數，要先擴分，新分子比原分母大

$$= \frac{17}{17 \times 2} + \frac{9}{17 \times 2}$$ 　拆成兩項，前項讓原分母能約分

$$= \frac{1}{2} + \frac{9}{34}$$ 　後項再做一次先前動作

$$= \frac{1}{2} + \frac{9 \times 4}{34 \times 4}$$ 　後項擴分

$$= \frac{1}{2} + \frac{34}{34 \times 4} + \frac{2}{34 \times 4}$$ 　後項拆成兩項

$$= \frac{1}{2} + \frac{1}{4} + \frac{1}{68}$$ 　得到么分數相加

圖1：埃及公主(Nefertiabet)，西元前2600年的石版畫，上面有埃及數學符號。

圖2：萊因數學紙草(Rhind Mathematical Papyrus)，埃及數學應用題中的第80題。

圖3：德國埃及學者從埃及古物轉繪的圖像，是牛隻與羊群數目的紀錄。

1-2 **認識各古文明的數字（二）：巴比倫與馬雅**

巴比倫文明

公元前 1894 年的巴比倫 (Babylon) 文明是一個消逝的文明，但可由他們的數字符號與建築工藝窺見強盛，見圖 4~6。特別的是他們是用 60 進位，並且已經有根號的概念。巴比倫人沒有乘法，但有平方表、立方表，用來協助計算。方法如下：

1. $ab = \dfrac{(a+b)^2 - (a-b)^2}{4}$ ，例題：$5 \times 3 = \dfrac{(5+3)^2 - (5-3)^2}{4} = \dfrac{64-4}{4} = 15$ 。

2. $ab = \dfrac{(a+b)^2 - a^2 - b^2}{2}$ ，例題：$5 \times 3 = \dfrac{(5+3)^2 - 5^2 - 3^2}{2} = \dfrac{64-25-9}{2} = 15$

由此我們可以認識巴比倫的數學。

馬雅文明

公元前 1500 年的馬雅 (Maya) 文明也是一個消逝的文明，但也可由他們的數字符號與建築工藝窺見他們的強盛，見圖 7、8。特別的是他們是用 20 進位計算，並且數字很早就發展零的概念，比印度還要早，比歐洲人早 800 年。更特別的是數字符號是 5 進位。由此我們可以認識馬雅的數學。

由以上的古文明可知，一個國家要繁榮，科學一定會到達一定的程度，同樣的數學也會到達一定的高度，再以此讓建築盛大。並且這些古文明也有各自的曆法，但他們如何得知一年有幾天，這邊已經成謎，最後他們的文明的快速消逝也是一個謎，時間會掩蓋一切，唯獨留下的一些概念影響後世，如數學、農業。

小博士解說

為什麼古文明會用非10進位制？有可能是為了節省書寫空間，如：15在十進位，需要符號1與符號5，但在巴比倫的六十進位只需要^{15} ◁ᐈ 但在馬雅的二十進位只需要 ═ 。或許有其特殊的計算意義。

1	![]	11	![]	21	![]	31	![]	41	![]	51	![]
2		12		22		32		42		52	
3		13		23		33		43		53	
4		14		24		34		44		54	
5		15		25		35		45		55	
6		16		26		36		46		56	
7		17		27		37		47		57	
8		18		28		38		48		58	
9		19		29		39		49		59	
10		20		30		40		50			

圖4：巴比倫文化的數學符號，可發現是60進位。

圖5：巴比倫編號YBC 7289泥版，上面的數字是2的平方根的近似值，用當時的60進位制表示：$1 + 24/60 + 51/60^2 + 10/60^3 = 1.41421296...$。

圖6：巴比倫的空中花園示意圖，現已不存，取自WIKI。

圖7：蒂卡爾遺址

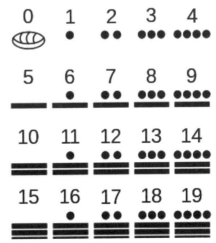

圖8：馬雅文化的數字符號，可發現是20進位。

1-3 **認識各古文明的數字（三）：中國**

　　中國有五千年歷史，自商朝開始，為了占卜，利用小木棍來計算。中國計算工具：算籌（筭子、算子），它是細長如筷子的物體，圓柱或方柱，材質：周朝用木、漢朝用竹、骨、象牙、玉、鐵等等。並且一個數字有兩種寫法，見表 1。使用在方格板上面放上數字，縱橫交錯，個位縱、十位橫、百位縱，以此類推，見圖 9。一開始沒有 0 的寫法，直接在方格板上面不放就代表是 0，要計算時就將許多算板一一排列，加起來超過 10 往前放一根。但此方法學習困難，並且家境好的人才能學習。操作上也麻煩，擺放萬一錯誤，或被風吹或是被弄亂，那答案就錯了。到東漢蔡倫造紙後，改良計算的習慣，可以在紙上寫字。到了南宋，多了 0 這數字符號，不然在該位置空格，不容易判斷該數字是多少，同時也改良其他幾個字。見表 2。

算籌的意義

　　為中國帶來 10 進位，10 進位制的發展時間，領先其他國家，同時在算籌進位後留下空位時，很清楚觀察出它是 0，與位數問題。在進位留一個空位＝0，這在其他國家可是一個大問題，但中國用算籌後巧妙的解決了問題。

　　與巴比倫人比較，巴比倫人沒有解決的 0 的問題，對於 10 應該怎麼表示，現在當然知道應該用 10 進位後數字計算比較方便，但在當時沒有一個較好的方法，也正因為如此，外國的數學對於進位上放 0 是困惑的，沒有了，為什麼要加個 0，沒有就是沒有了，為什麼還要寫個符號來說明沒有。所以在進退位上是有麻煩的。也因為中國的算籌讓 0 的觀念，可以實行。用沒有放，來代替該位數是 0。在國外數字系統沒有 0，無法順利計算計算，在中國因為算籌可以很順利的幫助計算，即使空格也不會辦認錯誤代表的數字 1042、1402，如果是用沒有來代替 0 的話會有相當大機會混淆。而中國的算籌，在縱橫交錯的方法下，方便的避開這問題。見圖 10。

算籌的負數概念

　　中國人在很早之前就有負數觀念，直接多放一個斜放的棍子代表是負數。如 -1 就在 1 斜放棍子，-123 就在 3 斜放棍子，負數在個位斜放棍子，中國的數字系統在很早就有一定的雛形，見表 3。算籌是有負 0 的存在的，因為需要描述 -10，個位是 0 而需要 -0 這放法。

算籌與天元術與發展

　　中國數學的天元術，是為了計算數學的未知數題目。數字右邊寫元，代表一次未知數，往上代表 2 次 3 次……，另外「太」代表常數，下面是代表 -1 次、-2 次，之後

還有二元術、三元術、四元術。如：$\quad \underset{\top \perp \top}{\underset{=}{\overset{|||}{}}}\ 元 \Rightarrow 3x^2 + 21x + 662 = 0$　。算籌傳到日本，

日本關孝和發展出代數，利用中文字來代替算籌，不同於天元術具有清楚明白的表示方式。後關孝和發展出類似正號，（加號）與負號（減號）的符號。見圖 11。

　　但算籌這種數字有一定的局限性存在，計算與傳承上，有一定的麻煩，天元術不容易看懂與學習，需要有尋找慧根的人、或是家族傳承的說法。以及部分人蔽掃自珍的觀念，不願意交流，這也是對進步的一種傷害。同時也因為中國書記的方式用毛筆，在於計算上速度不如硬筆方式。也是一種不便。中國數學的成就，成也算籌，敗也算籌。宋朝之後開始重八股文，其他皆不重視，更造成數學研究人員的急遽消失，以及國家的政策，使研究受到壓迫。所以到最後加上其他的因素，中國數學也慢慢的不再進步。慢慢的就被歐洲各國追過去，歐洲對於 0 與負數的接受，是在 17 世紀時，而中間這段時間中國的數學有一定程度的停滯不前。最後算籌就在西方文化的衝擊，被取代成阿拉伯數字。由此我們可以認識中國的數學。

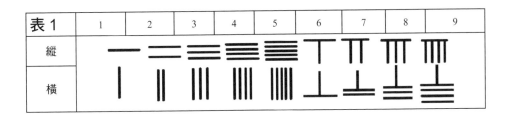

表1	1	2	3	4	5	6	7	8	9
縱									
橫									

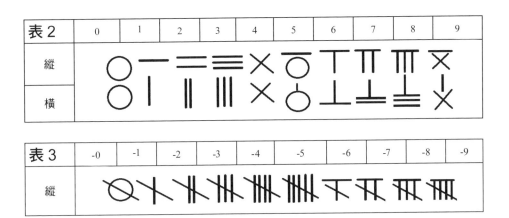

圖9　永樂大典 算籌布點陣圖

圖10

1 4 0 2　　　1 0 4 2

表2	0	1	2	3	4	5	6	7	8	9
縱										
橫										

表3	-0	-1	-2	-3	-4	-5	-6	-7	-8	-9
縱										

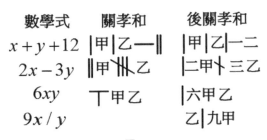

數學式	關孝和	後關孝和
$x + y + 12$	|甲|乙一||	|甲|乙一二
$2x - 3y$	||甲乙	二甲三乙
$6xy$	丁甲乙	|六甲乙
$9x / y$		乙|九甲

圖11

1-4 **符號念法與用途（一）**

很多人對希臘符號如何發音、用途、有多少種類感到興趣，在此介紹常用的符號。見表 4 至表 10。

表 4：常用希臘文

希臘文 小寫、大寫		念法	對應英文 小寫、大寫		常用用途或意義
α	A	alpha	a	A	方向角角度。
β	B	beta	b	B	方向角角度。
γ	Γ	gamma	c	C	方向角角度。
δ	Δ	delta	d	D	小寫是極小數字， 大寫矩陣時使用、變化量：$\Delta = x_2 - x_1$。
ε	E	epsilon	e	E	極小數字。
θ	Θ	theta			角度。
δ	Σ	sigma	s	S	小寫是標準差，σ^2 是變異數。大寫是數列加法使用。
π	Π	pi	p	P	小寫是圓周率，大寫是數列乘法使用。
φ	Φ	phi			角度、黃金比例。
ψ	Ψ	psi			黃金比例倒數。
ω	Ω	omega			小寫是頻率，大寫是電阻。

表 5：物理常用希臘文

希臘文 小寫、大寫		念法	對應英文 小寫、大寫		常用用途或意義
μ	M	mu	m	M	百萬分之一，奈米 μm。
ν	N	nu	n	N	物理學中，力的單位。
λ	Λ	lambda	l	L	物理學中，波長。
τ	T	tau	t	T	物理學中，力矩。
ρ	P	rho	r	R	物理學中，密度或電阻。

表 6：較少見希臘文

希臘文 小寫、大寫		念法	對應英文 大寫、小寫		常用用途或意義
ξ	Ξ	xi			大寫是粒子物理學的重子。小寫是數學的隨機變量。
ζ	Z	zeta	z	Z	黎曼函數。
η	H	eta	h	H	光學的介值折射率。
κ	K	kappa	k	K	數學 Kappa 曲線、物理學中的振動扭轉係數。
χ	X	chi	x	X	物理學中的電感。

表 7：常用符號

符號	念法	用途與意義
∝	正比	取代寫字。如：1. $a \propto b$ 是 a 與 b 成正比。 2. $a \propto \dfrac{1}{b}$ 是 a 與 b 成倒數正比，a 與 b 成反比。
△	三角形	取代寫字。
▭	長方形	取代寫字。
□	正方形	取代寫字。
◇	菱形	取代寫字。
▱	平行四邊形	取代寫字。
○	圓形	取代寫字。
⊥	垂直	取代寫字。
//	平行	取代寫字。
≒ ≈	近似值	約略的數字。
!	階	排列、組合使用，從 1 開始乘到該數字，$3! = 1 \times 2 \times 3$。

表 8：證明常使用符號

符號	念法	用途與意義
∵	因為	證明常用符號。
∴	所以	證明常用符號。
s.t.	使得	Such that 縮寫，意思同於「 $\Rightarrow$ 」。
∋	使得	同上。
⇒	使得	同上。
Q E D		該證明，由此得證。 QED 是拉丁文 Quod Erat Demonstrandum 的縮寫，意思是「證明完畢」。現在的證明完畢符號，通常是■或□。
Q E F		該問題，已經做完。
~	相似	兩個描述的東西，具有相似性質。
≅	全等	全部性質都相等。
≡	恆等式	
→	則、imply	蘊含。$a \rightarrow b$，a 是 b 的充分條件；b 是 a 的必要 (必然) 條件。
↔	充要	充分且必要。
iff	if only if	若且為若，互為充分、必要條件。充要的意思。
→←	矛盾 Contradiction	邏輯錯誤

1-5 符號念法與用途（二）

介紹常用的符號第二篇。

表 9：元素與集合使用符號

符號	念法	用途與意義
$\mathbb{N}$	正整數集合	描述元素是正整數。
$\mathbb{Z}$	整數集合	描述元素整數。
$\mathbb{Q}$	有理數集合	描述元素是有理數。
$\mathbb{Q}^c$	無理數集合	描述元素是無理數。
$\mathbb{R}$	實數集合	描述元素是實數。
$\mathbb{C}$	複數集合	描述元素是複數。
$\in$	屬於	元素屬於集合。
$\subset$	被包含	A 集合是 B 集合一部分，A 的元素 B 都有，B 的元素 A 未必有。
$\supset$	包含	B 集合是 A 集合一部分，B 的元素 A 都有，A 的元素 B 未必有。
$\wedge$	且	同時都有兩個的性質。
$\vee$	或	兩個其中一個。
$\cap$	交集	兩集合共有的部分。
$\cup$	聯集	兩集合所有的部分。
A^c	補集	除了該集合的其他部分。
$\varnothing$	空集合	沒任何元素的集合。

表 10：常見的函數

函數	念法	用途與意義
$f(x)$	f 函數	隨 x 改變的函數，如：$f(x)=2x+1$，$f(1)=3$、$f(2)=5$。若一個問題中有多個函數時，則改變函數的代號以示區別，如：$g(x)$、$h(x)$。
$\sin(x)$	正弦函數	三角函數之一，數學、物理都常用到。
$\cos(x)$	餘弦函數	三角函數之一，數學、物理都常用到。
$\tan(x)$	正切函數	三角函數之一，數學、物理都常用到。
$\cot(x)$	餘切函數	三角函數之一，數學、物理都常用到。
$\sec(x)$	正割函數	三角函數之一，數學、物理都常用到。
$\csc(x)$	餘割函數	三角函數之一，數學、物理都常用到。

表 11：微積分使用符號

符號	念法	用途與意義
ε	epsilon	極小數字。
δ	delta	小寫是極小數字。
∞	infinity	無限大的數字符號。
$\lim\limits_{x \to a}$	limit	極限，當 x 非常靠近 a 時。
$\exists$	exist	存在。
$\exists\,!$	exist and only	存在且唯一。
$\forall$	for all	對每一個。
$\dfrac{d}{dx}$	differential	微分。
$f'(x) = y'$	f prime x	一階微分，微分一次。y' 念 y prime。
$f''(x) = y''$	f prime prime x	二階微分，微分兩次。' 的單字是 prime，是撇號的意思。
$f^{[3]}(x) = y^{[3]}$		三階微分，微分三次，之後數字以此類推。
$\int$	integral	積分符號。

✛ 知識補充站

認識許多特殊符號與幫助敘述的符號後，可以更便利的學習數學，並也發現數學家就是為了要省下時間，去做更多的推理，所以發明了許多符號來偷懶。難怪有數學家會說。

You know we all became mathematicians for the same reason: we are lazy.

你知道我們成為數學家的原因都一樣——我們懶。

Maxwell Alexander Rosenlicht 1924-1999美國數學家

1-6 **黃金比例**

希臘時代就已經在研究黃金比例的性質，又稱黃金分割。具有黃金比例的長方形，是長方形長度切去長方形寬度後，原來長方形比例＝後來長方形比例。比例相等，見圖 12、13，這個特別的比例用符號 Φ 來表示。

所以，$\dfrac{x}{y} = \dfrac{y}{x-y} = Φ$

可知，則 $\dfrac{x}{y} = Φ$

$$\dfrac{y}{x-y} = \dfrac{1}{\dfrac{x}{y}-1} = \dfrac{1}{Φ-1}$$

$$Φ = \dfrac{1}{Φ-1}$$

$Φ^2 - Φ - 1 = 0$ 利用公式解

$$Φ = \dfrac{1+\sqrt{5}}{2} \quad 或 \quad Φ = \dfrac{1-\sqrt{5}}{2} \quad （負數不合）$$

$$Φ = \dfrac{1+\sqrt{5}}{2} ≈ 1.618$$

得到黃金比例 Φ 長比寬 =1.618：1。

有哪些東西具有黃金比例的呢？
1. 蒙娜麗莎的微笑，臉的寬度與長度、額頭到眼睛與眼睛到下巴的比，見圖 14。
2. 艾菲爾鐵塔的比例，側面的曲線接近以黃金比例為底數的對數曲線，見圖 15。
3. 電視機原本的比例是 4：3，現在都是用 16：9 或 16：10 的比例來製造，以接近黃金比例，因為視野也是接近黃金比例！
4. 帕特農神殿。5. 小提琴，見圖 16。6. 五芒星，見圖 17。7. 鸚鵡螺

當然最重要的是，大家所關心的身材的黃金比例，女孩子總是想挑選讓自己看起來最漂亮的高跟鞋，但到底要穿多高才符合黃金比例呢？就是讓全身與下半身（肚臍到腳底）具有 1.618 的比例，計算式：$\dfrac{身高-1.618×下半身}{0.618}$＝高跟鞋高度。見圖 18。並且黃金比例的也具有螺線的美麗形狀與大自然吻合，見圖 19。所以我們可以發現生活中處處有黃金比例，處處有數學。

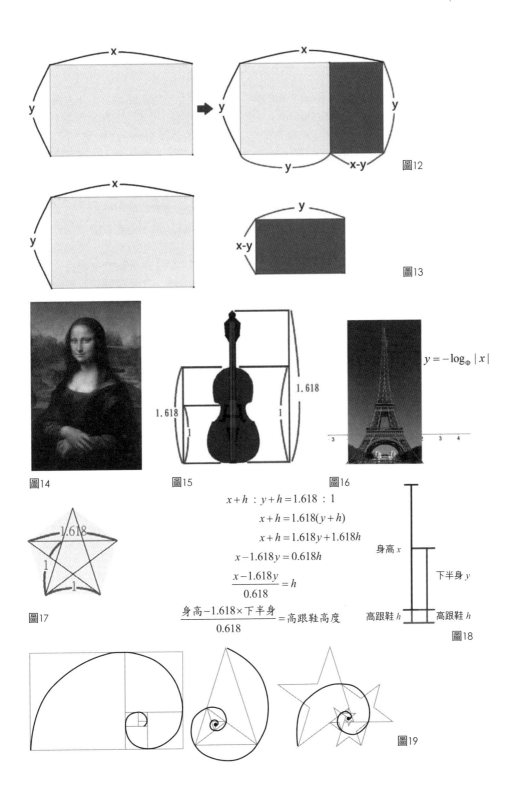

圖12

圖13

圖14

圖15

$y = -\log_{\Phi} |x|$

圖16

$$x+h : y+h = 1.618 : 1$$
$$x+h = 1.618(y+h)$$
$$x+h = 1.618y + 1.618h$$
$$x - 1.618y = 0.618h$$
$$\frac{x - 1.618y}{0.618} = h$$
$$\frac{\text{身高} - 1.618 \times \text{下半身}}{0.618} = \text{高跟鞋高度}$$

圖17

身高 x

下半身 y

高跟鞋 h 高跟鞋 h

圖18

圖19

1-7 永遠跑不完的一百公尺

　　這是一個經典的數學悖論（悖論：指的是似而非、相互矛盾的問題），在古希臘的跑者問題：齊諾 (Zeno) 的詭論 (Paradox)，跑完 100 公尺是不可能的。悖論內容：「一個人跑 100 公尺，每一步都可以跑路程的一半，一開始必須先跑一半跑到 50 公尺，再跑剩下的一半是 25 公尺，再跑剩下的一半是 12.5 公尺，不斷一半，一直到最後，他還是無法到達 100 公尺，請問正確嗎。」見圖 20。

　　※ 中國也有類似的文章，莊子天下篇：一尺之捶，日取其半，萬世不竭。

　　在邏輯上，要跑完全程必須要先到達兩點的中間點，然後下一個中間點，但中間點有無限個，所以光中間點就跑不完，自然而然跑不完 100 公尺。但在實際上 100 公尺怎麼可能跑不完，這問題陷入奇怪的矛盾之中，用生活中說法也沒有錯，單純看問題的說法也沒有錯，會產生錯誤的原因，是因為一直想將生活上的經驗套進題目之中，題目中有說明每次跑路程一半，而不是說他一次跑固定距離，如果是固定距離的話，積少成多，總會到達，但如果是不斷的一半是無法到達的。因為這裡思考上會出問題，希臘人都對無限感到不舒服，甚至是阿基米德，這情形在當時稱為「**無限恐怖**」，所以在計算上都會避開無限。但至少知道其數值會越來越靠近。這也是割圓術算出圓周率的重要觀念，參考 1.18。

　　而這故事同時也可解釋，一條線上為何會說是有無限多點，因為 0 與 1 兩點之間可以找到中心點，再延伸出無限多的中心點。

無限的概念問題延伸： $\frac{1}{3} = 0.3333...$ 嗎？

　　如果我們認同 $\frac{1}{3} = 0.3333...$ 正確，則 $\frac{3}{3} = 0.999...$，也就是 1=0.999...，但由跑者悖論可知 0.999… 一直在靠近 1，但絕對不是 1。觀察 0.999…= 0.9 + 0.09 + 0.009 + …是等比級數，等比級數計算式：$s = \frac{a(1-r^n)}{1-r}$，首項為 a、公比為 r，項數為 n，所以總和是 $s = \frac{0.9 \times (1-(0.1)^n)}{1-0.1} = 1-(0.1)^n$，1 會減掉很小很小的數值，所以總和不是 1。所以 $\frac{1}{3} = 0.3333...$ 這是符號上的混亂，我們要認知是 0.3333.... 會很接近 $\frac{1}{3}$。**於是定義** 0.3333...= $0.\bar{3}$ 的極限是 $\frac{1}{3}$，在計算上的就用 $\frac{1}{3}$。當然有時我們會看一堆奇怪的的錯誤解釋，如：

$$\begin{array}{r} 0.999... \\ 9\overline{)9} \\ 0 \\ \hline 90 \\ 81 \\ \hline 90 \\ 81 \\ \hline 90 \\ 81 \\ \hline \ddots \end{array} \quad \leftrightarrow \quad \begin{array}{r} 1 \\ 9\overline{)9} \\ 9 \\ \hline 0 \end{array}$$

，所以說 1= 0.999…這是不合理的。

結論：
對於分數與無窮小數的概念要認清楚，不要冒然的劃上等號。

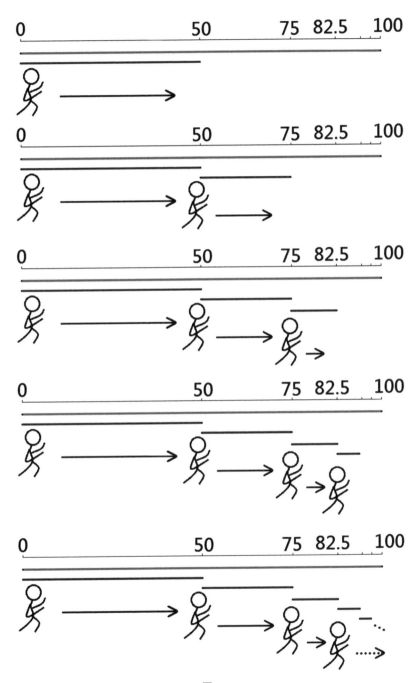

圖20

1-8 **圓錐曲線（一）：拋物線I**

我們知道有很多直線構成的圖形，如：正方形、三角形、長方形、菱形等等。而曲線的圖形也知道有圓形、橢圓 (Ellipse)、拋物線 (Parabola)、雙曲線 (Hyperbola)，這些被稱為圓椎曲線 (Conic)。早在希臘時期這些圖形就開始被研究特性，但平面座標系統在那時候尚未出現，不容易研究各曲線的特性，也沒有精準繪圖的方法。當時是用切圓錐法來研究，發現曲線有其固定的離心率。見圖 21。離心率是曲線上**點到焦點的距離**與**點到準線的距離**的比率。參考表 12 了解各圓錐曲線的離心率。

希臘時期的拋物線 (Parabola) 是圓錐曲線的一部分，並不是拋出物體的路線，與現在知道的拋物線是不相同。當時認為拋出物體的路線是直線，部分圓弧，鉛直往下掉，此觀念一直到伽利略 (Galileo) 時期才改過來，參考單元 4-5。

拋物線的物理特性

根據傳說，阿基米德利用光滑的盾牌排成拋物線來反射光線，得到焦點燃燒掉敵國的船。見圖 22。或是百慕達上空的飛機會消失，據說可能是該區的海有漩渦，使得海面變成一個拋物面，進而陽光照射下來反彈後的焦點，相當高溫，所以飛機通過的時候被整個燒毀，見圖 23。但是這件事情，因為無法真的實驗所以無法證明。在現今生活上的應用是，手電筒將光源照出去利用拋物面來射出平行光與雷達接收電波、太陽能吸收的加裝反射板，利用拋物面來幫忙聚焦。

拋物線的重要性

阿基米德對拋物線涵蓋的面積感到非常好奇，他用許多三角形的總合來逼近拋物線下的面積，見圖。

同時這個方法也是阿基米德拿來計算圓面積的方法，此方法在當時能有效算出曲線涵蓋的面積，但仍然美中不足，因為計算上相當不方便。但這樣的方法啟發微積分中的積分概念。所以每一次數學的進步，都需要前人不斷的累積，才能在未來的某一天結出果實。

表 12：圓錐曲線的離心率，離心率 (e) ＝點到焦點的距離 ÷ 點到準
線的距離

圖形	離心率 (e) 的範圍
圓形	0
橢圓	0<e<1
拋物線	e=1
雙曲線	1<e<∞

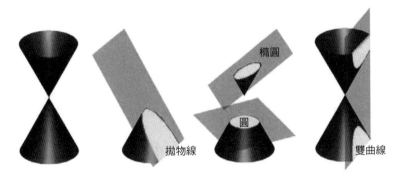

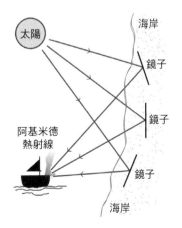

圖21：圓錐的截面

圖22：拋物面聚焦燒船

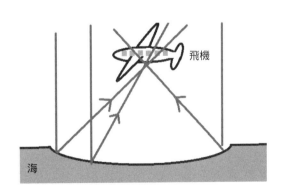

圖23：拋物面聚焦燒飛機

1-9 **三角函數（一）：三角函數的由來**

　　埃及人蓋了許多金字塔，在西元前 625-574 年間，埃及法老想知道金字塔的高度，命令祭師測量高度，但不知道如何去測量。一位來自希臘四處遊歷的數學家——泰勒斯 (Thales)，想到一個好方法。他提到：「太陽下的物體會有影子，影子在某一個時間點，影子長度剛好會跟高物體的高度一樣，並且不是只有那個物體而已，而是在那個時間點，所有的物體的影子長都會與對應物的高度一樣」。所以他們在金字塔旁邊立起了一根木棍，等到影子長度跟木棍一樣長的時後，再去量金字塔的影子就是金字塔的高度，見圖 24，最後就順利的解決法老王的問題。

　　圖 24 感覺金字塔影子並沒有跟金字塔高度一樣。原因是「金字塔頂到地面的垂點」到「影子尖端」有一部分影子被擋住。 用透視圖的長度關係，見圖 25，就能得到正確的金字塔高度。**「金字塔高度」＝「影子最長部分」＋「金字塔底邊的一半」** 同時柱子長與影子長的關係，被發現不是只有相等而已，而是同一時間點，柱子長與影子長的比例關係，都是一樣的，見圖 26。於是開始了研究這些圖案的關係，最後發現了三角形相似形的關係，相似的兩個三角形具有對應角度相等，對應邊長成比例，如圖 27。而研究比例的學問就是三角學。

　　而這比例的各角度表格早在希臘時期就已經出現，希臘時期的函數表。見圖 28。同時表格的角度是圖 29 的 θ，而弦是紅線條部分，不同於現在的三角函數，後來的改成直角三角形，變成我們現在的三角函數。現在常用的三角函數 sin、 cos 和 tan 是以角度作為自變數的函數。用希臘字母「θ」代表角度，所以三角函數寫成 $\sin(\theta), \cos(\theta),$ $\tan(\theta)$，此時的角度只用到 0 到 90 度之間，就足夠求全部的情況。希臘時代所應用的三角學局限在「正數值」的範圍內，因為希臘時代的數學家仍不知「負數」為何物（負數為印度數學家於西元 9 世紀發明，但歐洲數學家至西元 17 世紀才接受負數的概念。）。這個「局限」的三角函數在古代天文測量已發揮極大的價值。以喜帕恰斯的重要結果為例，可求出地球半徑、地球到月球距離。

　　此刻的三角函數功能，比較類似九九乘法表，說是三角形比例值表可能更為貼切，在當時被稱為「三角學」。而計算規則，如同指數律，沒有討論函數圖形。此時的三角函數又稱狹義三角函數。

圖24：金字塔影長

圖25：透視圖

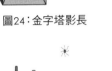

圖26：同一時間的竿影比相同

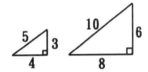

圖27：三角形具有等比例放大

圖28：希臘時期的函數

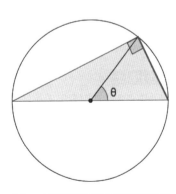

圖29：希臘弦函數表的弦指的是
θ的對邊

1-10 **三角函數（二）：河流有多寬**

　　在以前河流那麼寬是要怎樣量出寬度，見圖 30，也許可以靠繩子橫跨河面來量長度，但不可能每條河流都靠拉一條繩子橫跨河面，遇到太寬不能量的時候怎麼辦？以前又沒有衛星幫助測量，那到底是如何量出河流寬度呢？見圖解：圖 31 到圖 38。古時候的人量河流的寬度，利用相似形的比例性質，來加以計算。

　　第一步：先確定要量的河流位置，左岸的一點與右岸的一點，見圖 31。
　　第二步：延伸兩點連線，並標記第三點，（左岸的第二點），見圖 32。
　　第三步：左岸兩點作一組平行線，見圖 33。
　　第四步：作一條線截兩平行線並通過右岸的點，見圖 34。
　　第五步：測量在自己左岸上所標記的距離（單位：公尺），見圖 35。

　　該如何計算呢？切出所需要的部分，並假設要量的河流寬度為 x，見圖 36。因為平行有同位角，並有共用角，所以具有相似形，見圖 37。切出相似部分，見圖 38。具有比例相似，可得到下列式子，

$$15:10+x=12:x$$
$$15x=120+12x$$
$$3x=120$$
$$x=40$$

所以河流寬度為 40 公尺。

小博士解說

許多古文明都發展出相似形概念，所以數學在基礎時是容易被學習的。
相似形的概念會在國中學到，相似形的性質有下列。
1. AAA相似：三個對應角度相等，又稱AA相似。
2. SSS相似：三對應邊成比例。
3. SAS相似：兩對應邊成比例，一對應夾角相等。
4. ASA相似：一對應邊成比例，兩對應夾角相等，也是AA相似的一種。
5. AAS相似：兩對應夾角相等，非夾邊成比例，也是AA相似的一種。
6. RHS相似：對應斜邊成比例，對應股成比例、都有直角。
利用這些相似形性質可有效計算天文、地理、數學。

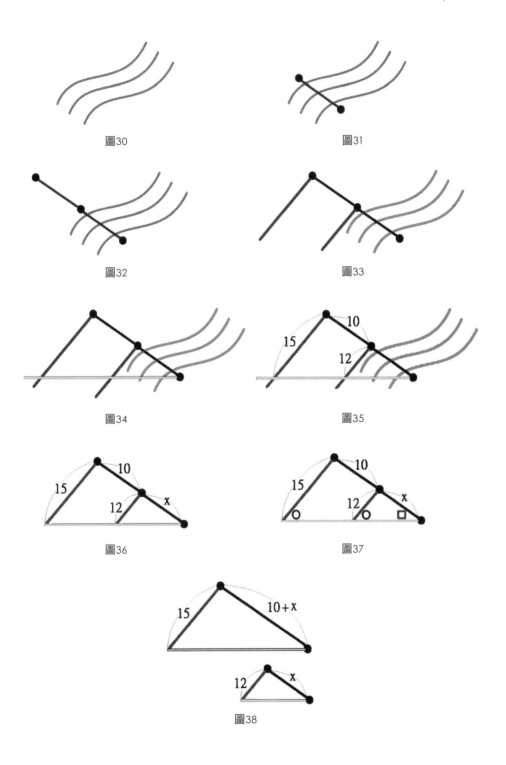

圖30

圖31

圖32

圖33

圖34

圖35

圖36

圖37

圖38

1-11 **三角函數（三）：山有多高**

在以前，古時候的人只需要找一塊平坦的地面與兩根一樣的棍子，便能計算山有多高，以及距離山有多遠？見圖解，圖 39 到圖 44。

第一步：將棍子插在地面，棍子須垂直地面

第二步：後退幾步，趴在地上抬頭看，讓棍子頂端與山頂重疊，見圖 39。

第三步：量棍子長度，與後退距離，得到棍子 1 公尺，後退距離為 3 公尺。

第四步：繼續後退 46 公尺，將第二根棍子插在地面，棍子須垂直地面，兩根棍子距離 49 公尺。

第五步：後退 4 公尺，趴地上抬頭看，讓第二根棍子頂端與山頂重疊，見圖 40。

第六步：標示距離，見圖 41。該如何計算呢？

計算山有多高，以及距離山有多遠，將圖案簡化，假設山的高度為 x、第一根棍子與山的距離為 y，見圖 42。

切圖，左邊為第一根棍子的圖形、右邊為第二根棍子的圖形，見圖 43。

因共用角與直角是 AA 相似，抓出相似形，見圖 44。

因相似形所以。左邊 $x:(y+3)=1:3$，右邊 $x:(y+53)=1:4$。

得到兩個式子，可解聯立

$$\begin{cases} x:(y+3)=1:3 \\ x:(y+53)=1:4 \end{cases} \Rightarrow \begin{cases} y+3=3x \\ y+53=4x \end{cases} \Rightarrow \begin{array}{r} -)\ y+53=4x \\ \hline -50=-x \end{array}$$

$$50=x$$

再將 $50=x$，代入 $y+3=3x$，可得到 $y=147$。

所以山的高度為 50 公尺，距離山的距離是 147 公尺。

本題為假設性題目，圖案為示意圖，在真實情形可用同樣的方法，換數字再計算就能得到答案。根據相似形原理可以計算出山有多高，以及還離多遠，直到現在這方法仍然有用，畢竟不可能把山挖個洞，從山頂挖到地平線，更何況又不知道是要挖多深才到地平線，如果知道要挖多深，就不需要測量山高。

小博士 解說

計算山有多高，利用國中的解聯立方程式與相似形的概念，不用到高深的數學，也不用到三角函數，就能很精確的算出來山有多高，是不是很佩服古時候的人的活用數學呢！現在生活上看不到數學，是因為我們沒必要去思考，科技把我們變笨了，如果我們要保持腦袋的創意與活性，就應該多看看書，多看看世界。

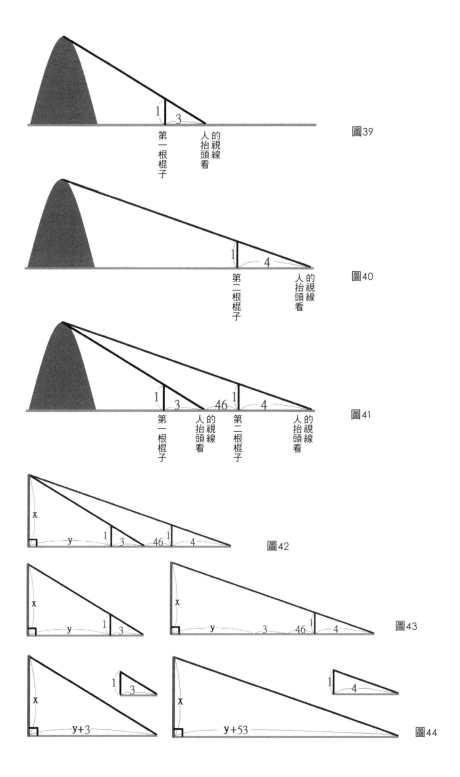

圖39

圖40

圖41

圖42

圖43

圖44

1-12 **三角函數（四）：地球多大、月亮多遠**

喜帕恰斯 (Hipparchus) 是古希臘天文學家，傳說視力非常好，利用三角函數算地球半徑、計算地球到月球的距離，所以喜帕恰斯被稱為天文學之父，見圖 45。

計算地球半徑

喜帕恰斯計算地球半徑過程如下：爬上 3 英里高的山，向地平線望去，測量視線和垂直線之間的夾角，圖中的 $\angle CAB$，測得這角近似於 87.67°，見圖 46。

利用三角函數的 sin 函數，也就是 $\dfrac{對邊}{斜邊}$，見表 13。需查表 sin(87.67) 是多少？

$$\sin(87.67°) = \frac{R}{R+3} = 0.99924$$
$$R = 0.99924(R+3)$$
$$R = 0.99924R + 0.99924 \times 3$$
$$0.00076R = 2.99772$$
$$R = 3944.3\overset{7}{\cancel{6}}\overset{}{\cancel{8}}\cdots \qquad 四捨五入$$
$$R \approx 3944.37 \qquad 地球半徑約3944.37英里$$

喜帕恰斯計算出地球半徑 3944.37 英里。與現代科技，測量到的地球半徑 3961.3 英里，只差 17 英里，誤差不到 0.4%！2200 年前喜帕恰斯運用三角測量學，得到如此驚人的結果，簡直是「酷」！

計算地球到月球的距離

喜帕恰斯假設：

1. 從地球中心到月球中心為圖中的 A 點到 B 點 = $\overline{AB}$
2. 由 B 作一條至地球表面的切線
3. 切點為 C，如圖 47 所示

利用三角函數的 cos 函數，也就是 $\dfrac{對邊}{斜邊}$，見表 14，需查表 cos(89.05) 是多少？

已知地球半徑 = 3944.37 英里，因為 $\angle A$ 是 C 點的緯度，喜帕恰斯從他建構的經緯系統得知 $\angle A$ 約等於 89.05°，

$$\cos(89.05°) = 0.01658$$
$$0.01658 = \frac{3944.37}{\overline{AB}}$$
$$\overline{AB} = \frac{3944.37}{0.01658}$$
$$\overline{AB} = 23\overset{8}{\cancel{7}}\overset{}{\cancel{8}}99.27\cdots \quad 四捨五入$$
$$\overline{AB} \approx 238000 \qquad 地球到月球約238000英哩$$

與現代高科技測量到的「平均距離」240000 英里。相比較之下，誤差不到 0.8%！所以說三角函數的確可靠。相似形是三角函數的基礎，三角函數是測量的基礎，所以三角函數很重要。

圖45

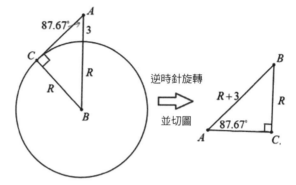

圖46：計算地球半徑示意圖

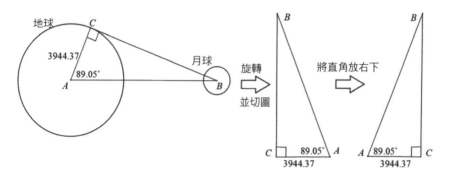

圖47：計算地球到月球距離示意圖

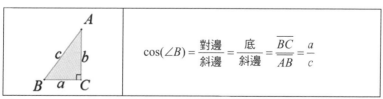	$\sin(\angle B) = \dfrac{對邊}{斜邊} = \dfrac{高}{斜邊} = \dfrac{\overline{AC}}{\overline{AB}} = \dfrac{b}{c}$

表 13

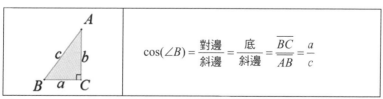	$\cos(\angle B) = \dfrac{對邊}{斜邊} = \dfrac{底}{斜邊} = \dfrac{\overline{BC}}{\overline{AB}} = \dfrac{a}{c}$

表 14

1-13 三角函數（五）：日蝕、月蝕

　　日全蝕與月全蝕是相當特別的天文現象。日全蝕是月球剛好擋住了太陽，剩一個邊框；如果月球離地球遠一點，會遮不住太陽，變成類似甜甜圈形態，見圖48至圖50；如果月球離地球近一點，會全遮住太陽一片黑。所以這位置是非常的剛好。見圖51。

　　同理月全蝕是地球剛好擋住了月球，使得無法反光；如果月球離地球遠一點，不會被地球遮住，還能反光；如果月球離地球近一點，會被全遮住無法反光一片黑。見圖52。並且由圖52可知月蝕後，會消失一陣子再出現。由日蝕、月蝕可以觀察到相似形的概念，也就是三角函數。

日蝕、月蝕的影響

　　自然環境面：造成短暫能見度降低，導致發生危險，交通運輸造成一定的危險；通信也有一定程度的影響；溫度也會降低，以及對植物產生影響。

　　文化面：各個國家早期遇到**日蝕、月蝕**，大多認為是上天將要降下災厄、或是有惡魔要佔領國家，也有的國家認為是崇拜的神獸將其藏起來、或是被動物吞掉。而因應的方式，有著祭祀、禱告、避難，或是進攻、對其投擲武器、對其大聲喧嘩恐嚇，以期望恢復到原本的樣子。

　　特別的利用：部分有心人士，利用特殊的天文，與無知民眾，將其說是某人的暴政，所以才有日蝕，所以必須起義推翻。哥倫布以此特殊的天文，在新大陸對當地居民說在何時月亮將會消失，何時會在出現，最後獲得需要的補給，利用無知來獲利。

　　現在我們認識的天文知識，日蝕、月蝕變成一個簡單又特殊的自然現象，我們只需要用平常心去觀看，欣賞宇宙的奧妙，再從其中發現數學的足跡。

小博士解說

　　上一個世紀有月蝕230次，其中85次是月全蝕，但因地點、時間，不一定能看到，而在2015年的台灣可見月全蝕是在2015/4/4。同時要拍月蝕的連續照片（縮時攝影），類似圖50，照片要預留廣一點背景，因為月亮爬升很快，留太少會超出照片畫面。21世紀有日蝕224次，但台灣看到的日全蝕上一次在1941年9月21日，下一次則要等到2070年4月11日，才能看到這個壯觀影像呢！當然如果有興趣可以查好時間地點，去看日蝕或月蝕。

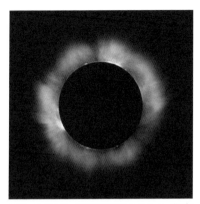

圖片48：日蝕，取自WIKI：CC 3.0，作者 Luc Viatour

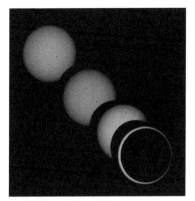

圖片49：日蝕，取自WIKI：CC 3.0

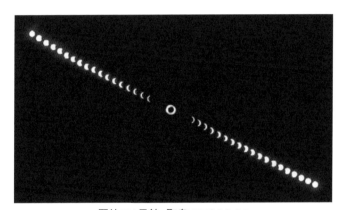

圖片50：日蝕，取自WIKI：CC 3.0

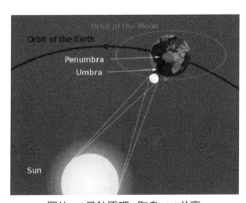

圖片51：日蝕原理。取自WIKI共享

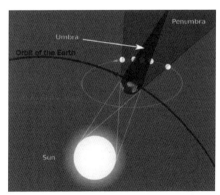

圖片52：月蝕原理。取自WIKI共享

1-14 三角函數（六）：地平線多遠

　　我們常說長得高的人看得比較遠；也說登高望遠；生活上也知道爬上高山能看得更遠；瞭望台也都蓋很高，以利觀察遠方敵蹤；船上的瞭望手在高的地方觀看敵船的蹤影，而不是在甲板上。也聽過一句話，望山跑死馬，為何會看似快到卻還那麼遠；如果中間都沒被擋住，那麼高度與可視距離的關係是什麼？也就是說，可視距離的極限——地平線與自己的位置是距離多遠？

　　我們知道地球是一個球狀，那麼向遠方看去，會看到地平線，是我們可看到距離的極限，不管抬頭還是低頭，地平線離自己的距離都不變，抬頭就看到空中，低頭還沒看到地平線。圖 53 中，C 點是地平線，A 點是眼睛高度，無論眼睛再怎麼看都不會看到 C 點後方，不管是拿望遠鏡還是視力多好的人，都看不到 C 點後方凹下去的部分。B 點是圓心，R 是地球半徑，地球不是完整的球狀，半徑是 6357 ～ 6378km。R 使用平均半徑 6371 公里，也就是 6371000 公尺。而「自己的位置」與「自己看到的地平線」的距離，是球的部分弧長。這段弧長要利用三角函數來幫忙計算，已知弧長 (s)= 半徑 × 圓心角度 =$r\theta$。

$$\cos(\theta) = \frac{r}{1.7 + r}$$

$$\theta = \cos^{-1}\left(\frac{r}{1.7 + r}\right)$$

所以弧長是

$$s = r \times \cos^{-1}\left(\frac{r}{1.7 + r}\right)$$

$$s = 4654 \text{ 公尺} = 4.654\text{公里}$$

　　由於我們地球不是完整球狀，故半徑是個約略值，所以求得距離也是約略值。從上表可知，大多數人站著可以看到約 4 ～ 5 公里距離遠；而開車、騎車時，眼睛高度約是 150 公分，所以約可以看到 4.3 公里遠；每艘船甲板高度不同，看到的距離也不同，在 7 公尺高的船上，在甲板眺望遠方地平線，當水手在甲板上看見遠方出現一點陸地，陸地距離船約為 9 公里多；在海拔不高的外島上，可以看到約 15 公里遠的景色；而在 101 頂端可以看到 80 公里遠，沒有被擋到的情況下，可看見苗栗附近；陽明山能看 120 公里遠，可以看到台北市全景；大怒神蓋在山上，還要在加上建築物的海拔高度，可視距離比 26.9 公里遠。參考表 15。

　　同樣的除了可以利用三角函數計算，所處位置到地平線的距離外，也說明了越高的地方可以看更廣更遠。

小博士解說

　　所處位置與地平線之間的距離，與視力好壞無關；而與所在高度有關係。因為視力好壞是影響圖像清晰度，拿著望遠鏡看到的地平線位置還是一樣，好比說，用顯微鏡看標本，放大無數倍，眼睛與標本的距離，還是那段高度。

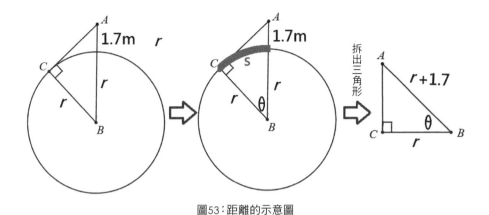

圖53：距離的示意圖

表 15 列出不同高度時，所在位置與地平線之間的距離是多少：

眼睛高度（公分）	可視距離（公里）
15（趴著）	1.38
120	3.91
125	3.99
130	4.07
135	4.14
140	4.22
145	4.29
150	4.37
155	4.44
160	4.51
165	4.58
170	4.65
175	4.72
180	4.78

所在位置	高度（公尺）	距離（公里）
爸爸肩上	2	5.04
馬上	2.5	5.64
甲板上	7	9.44
5 樓高	15	13.82
10 樓高	30	19.55
六福村大怒神	57	26.95
美麗華摩天輪	100	35.69
101 大樓	508	80.45
陽明山	1120	119.45
阿里山	2484	117.87
富士山	3776	219.29
玉山	3952	224.34
飛機上	10 公里	356.72

1-15 **三角函數（七）：山有多遠**

　　已知眺望遠方地平線，也就是高度是 0 時，怎麼求地平線距離？山有多遠可以理解為有高度的物體，自己與其距離為何。但如何計算距離遠方的山腳還有多遠？

　　當我們看到山頂是一點時，見圖 54，其山頂與地平線融合在一起。由單元 1-14 求地平線距離的表格可知，在馬背上時可以看到地平線是 5.6 公里遠左右，但其實還要更遠，還要加上山頂往遠方看地平線是多遠。所以常誤會快到了。

　　如果今天有一座山 1120 公尺，那在馬背上高度為 2.5 公尺看到山頂時，再跑到山腳下距離會是多少？見圖 55，要計算兩個部分的地平線距離，再加起來。由單元 1-14 表格可以知道在高山上 1120 公尺高，看地平線是 119.45 公里，而在馬背上 2.5 公尺高，看地平線是 5.64 公里，所以當我們看到山出現一點時，距離山腳還有 119.45 + 5.64 = 125.09 公里。一開始看到山，以為快到了，越靠近山，慢慢露出全貌，等看到全貌，還有一段距離要走；在本問題全長有 125 公里那麼遠，也難怪馬會跑到累得半死，所以才會有「望山跑死馬」的說法。下面介紹一座高山，從遠處看到山頂，一直到看見山腳的圖案變化，由此來感覺起點到山腳下距離的長短。一開始看到山頂，以平常感覺，看到代表快到，但往前走再看到一部分，再繼續往前走再看到下一部分，一直等到看到山腳時，才算是看到整座山等看到整座山已經走不少距離，還要再走一段距離，所以真的很遠。見圖 56。

小博士解說

　　在實際情況，我們大多不知道山有多高，少了山高影響的距離，所以我們在距離的估算上幾乎是不準確。但還好我們現在有科技產品可以用衛星定位算出距離，不過我們仍然可以藉由數學計算與圖案，將為什麼山很遠的原因說清楚，沒看到山的全景，都代表的距離還非常遙遠。

　　同樣的在海上，別艘船的頂端消失在視線，其距離也是一樣道理。要看「自己船的高度」與「對方船的高度」，再計算距離。見圖 57。

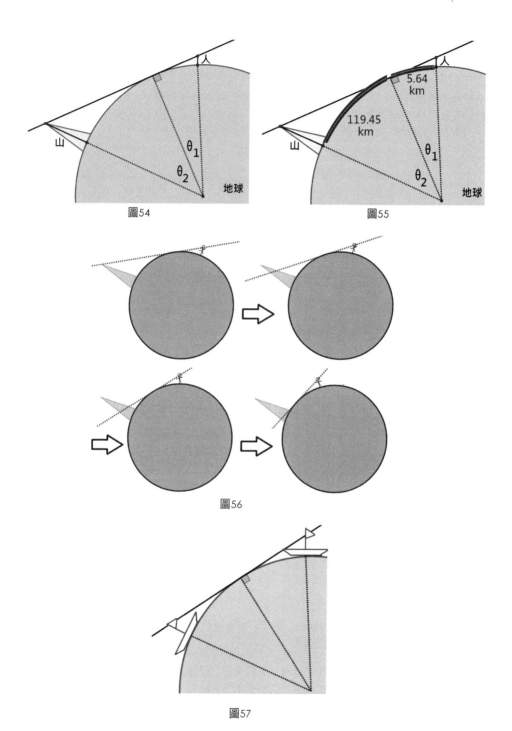

圖54

圖55

圖56

圖57

1-16 畢達哥拉斯（一）：畢氏定理與 $\sqrt{2}$

　　畢達哥拉斯 (Pythagoras) 生於西元前 569 年，是古希臘數學家，組成了「畢達哥拉斯學派」，他們認為世界萬物的源頭是數學，數學是神聖的，認為沒有數學，人類就不能思考，宇宙也沒有規律可言。學派成員被要求秘密不得外洩，不能加入其他學派，不準外傳知識。但這學派也是男女平權的先驅，容許貴族婦女來聽課，學派也有十多名女學者，這是其他學派所沒有的。

　　畢達哥拉斯的趣事很多，他認為所有人都要懂幾何，有一次他看到一個勤勉的窮人，他教他學習幾何，因此對他說學會一個幾何定理，就給他一塊錢幣，於是窮人便學習幾何。過了一段時間後，這窮人卻對幾何產生很大的興趣，反而要求畢達哥拉斯教快一點，並且說多教一個定理，就給畢達哥拉斯一個錢幣，沒多久後，畢達哥拉斯就把以前給窮人的錢幣全都賺回來了。

　　畢氏學派發現直角三角形，見圖 58，有一個特殊性質，直角三角形三邊長 a、b、c，斜邊是 c，則 $a^2 + b^2 = c^2$，此性質被稱為：畢氏定理。同時這個定理在各個領域，都有發現這個性質，可算為表揚在數學貢獻很多的畢氏學派，

　　所以我們稱這個定理是畢氏定理。用圖解釋畢氏定理：利用正方形，切開成 2 個正方形與 4 個一樣的直角三角形。重新組合會得到一個大正方形和 4 個一樣的直角三角形。見圖 59、圖 60。三角形影響幾何學的興起，連帶影響後世的研究，甚至是邏輯的推演。柏拉圖更在自己學院大門口寫著：「不懂幾何者，不得進入」。

　　畢達哥拉斯的學生希伯斯 (Hippasus)，研究畢氏定理時，發現新性質的數：$\sqrt{2}$。而畢氏學派認為萬物都是有理數，但 $\sqrt{2}$ 經證明後，卻不是有理數，令他們感到很驚訝，所以把這種性質的數稱作無理數，$\sqrt{2}$ 是無理數的說明在單元 7-12。

　　而中國周髀算經記載早在西元前一千年的周公與商高對話中，有發現直角三角形的特性，稱作：勾股定理，但圖案切割方法不同於畢氏定理。見圖 61、圖 62。

小**博士**解說

　　畢氏定理 $a^2 + b^2 = c^2$，a 為直角的一邊、b 為直角的另一邊、c 為斜邊。有時會被拆成 3 組：$a^2 + b^2 = c^2$、$a^2 = c^2 - b^2$、$b^2 = c^2 - a^2$，甚至是 6 組：$\sqrt{a^2 + b^2} = c$、$a = \sqrt{c^2 - b^2}$、$b = \sqrt{c^2 - a^2}$，這些都是不好的學習方法。導致學習的記憶混亂與複雜性。但這其實都是移項整理出來的新式子，實在不需要去背誦那麼多的數學式，增加厭惡數學的感覺。同理這個情況也發生在速率公式上，距離÷時間＝速率，延伸出後兩者：距離＝速率×時間、距離÷速率＝時間，後面兩個都是多出來的計算式。

圖58

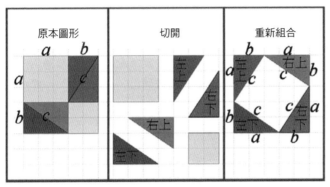

圖59

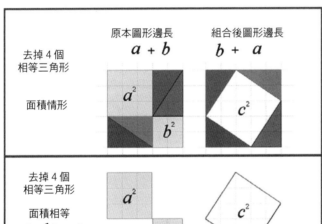

圖60

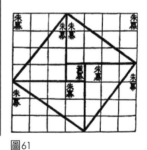

圖61

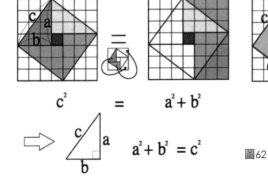

$$c^2 = a^2 + b^2$$

$$a^2 + b^2 = c^2$$

圖62

1-17 畢達哥拉斯（二）：音階的由來

　　數學家畢達哥拉斯不只是推廣了三角形的畢氏定理，更創立音階。他二十多歲的時候曾在埃及留學，學習哲學及天文學，對於埃及的音樂及種類繁多的樂器，也表現出高度的興趣。西元前 500 年，古希臘數學家畢達哥拉斯外出散步，經過一家鐵匠舖，裡面傳來幾位鐵匠用鐵鎚打鐵的聲音，當許多鐵鎚聲疊在一起時，有時會發出悅耳的聲音，也會發出刺耳的聲音。他走進打鐵店裡，試著尋找哪些東西是會發出悅耳聲音。發現了幾個材質會發出好聽的聲音，在自製的單絃琴上，一邊移動、一邊進行各式各樣的聲音實驗。

　　畢達哥拉斯先找出大多數人喜歡的聲音，作為基準音 C，再根據此音的弦長度按壓不同的位置，找出大多數人能接受與 C 一起彈奏時具有合音效果的音，與 C 具合音效果的音在現在被稱為 C 和弦，並且發現這些音的弦長按壓點的比例是整數比。於是畢達哥拉斯利用這些概念決定了音程，最後畢達哥拉斯創造**五音的音律**。表 16 是放上七音的音律部分，這也是我們弦樂器按的位置，一直沿用至今。並且可參考中世紀的木刻，見圖 63，描述畢氏及其學生用各種樂器，研究音調高低與弦長的比率。

　　音階的產生不是那麼的容易，它存在音程的問題。現在的音階是約翰‧白努利 (John‧Bernoulli)，在一次的旅行途中，遇見音樂家巴哈 (Bach)，為了解決某些音程的半音 + 半音不等於一個全音的問題，發現到其音程結構，如同 $r = e^{a\theta}$，如果令每 30 度一個音程，就可以漂亮解決全音半音問題。其結構是現在的平均律。也就是 7 個音階，讓現代創造出各式各樣的音樂。見圖 64。同時熟知的聲音 Do、Re、Mi 是一種波形，以及單音組成的和弦也是波形，如：Do+Mi+Sol=C 大三和弦，可用數學方程式表現。見圖 65、圖 66。或參考此連結：https://www.youtube.com /watch?v=WZTtX6L7Wzk。

圖63

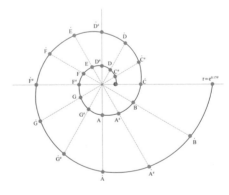

圖64

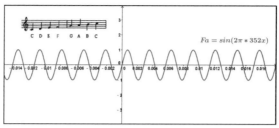

圖65：Fa的函數圖

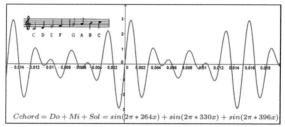

圖66：C和弦的函數圖

表 16

音階		比例	按壓點	圖
Do	C	1	空彈	
Re	D	8：9	$\frac{8}{9}$壓住	
Mi	E	64：81	$\frac{64}{81}$壓住	
Fa	F	3：4	$\frac{3}{4}$壓住	
Sol	G	2：3	$\frac{2}{3}$壓住	
La	A	16：27	$\frac{16}{27}$壓住	
Si	B	128：243	$\frac{128}{243}$壓住	
高八度 Do	高八度 C	1：2	$\frac{1}{2}$壓住	

「數字是所有事物的本質」 　　　　　　　　　　　畢達哥拉斯

「弦的振動中有幾何學，天體的運行中有音樂」 　　畢達哥拉斯

1-18 阿基米德（一）：第一個重要的無理數
——圓周率π

圓形是一條彎曲的線，沒辦法直接計算周長，所以不斷的想辦法，去找圓周相關的關係式。在各個地方都有人在尋找圓周率的真正數值，西方的阿基米德 (Archimedes)、中國的劉輝、祖沖之等人，都發現直徑乘上圓周率就是周長。目前我們使用的圓周率：3.14159 265358 97932 38462 64338 32795 02884 19716 93993 751…，接著我們來看看圓周率的歷史。

- 西元 2000 年前的巴比倫人，給出了圓周率是 $\frac{25}{8}$。

- 西元 1700 年前埃及的阿美斯紙草書 (Ahmes)，出現了圓周率是 $\frac{256}{81}$ 的寫法，並且半徑 1 的圓面積會接近一個邊長是 $\frac{16}{9}$ 的正方形面積，見圖 67。

- 西元前 287 年希臘的阿基米德在圓內做正 6 邊形開始，正 12 邊形、正 24 邊形、正 48 邊形，作到正 96 邊形，發現 $3\frac{1}{7} >$ 圓周率 $> 3\frac{10}{71}$，到死之前，都還在沙地上畫圓計算圓周率，見圖 68，最後他對殺入家門的羅馬士兵說，別踩壞他畫的圖，羅馬士兵心想俘虜還囂張，便憤而殺死他。為了紀念阿基米德的貢獻，他墳前做了一個圓球、圓柱，可惜怎麼做也做不標準。

- 中國早有逕一周三的說法，周長約為直徑三倍。其中在西元 429 年中國宋朝祖沖之作出約率 $\frac{22}{7}$、密率 $\frac{355}{113}$。雖然不知祖沖之用什麼方法計算出圓周率，沒有傳承給後代培養計算的基礎。但為紀念祖沖之計算出圓周率，月球背面的一座環形山命名為「祖沖之環形山」，將小行星 1888 命名為「祖沖之小行星」。並且祖沖之計算的密率，在當時全世界是最精準的圓周率數值。

- 這些圓周率數值都經合理的計算，確定誤差很小，但還是有些時期或國家用奇怪圓周率數值。例如：美國印第安那州曾經規定圓周率等於 4，令人匪夷所思。

- 而在公元前 6 世紀成書的《舊約全書》的《列王記上篇》第 7 章第 23 節描述了所羅門王神殿內祭壇的規模：「他又鑄一個銅海，樣式是圓的，高五肘、逕十肘、圍三十肘。」《舊約全書》的《歷代誌下篇》第 4 章 2 節也有類似的描述。這兩節《聖經》經文儘管沒有直接提到圓周率，卻暗示著圓周率為 30/10 = 3。不過最後都用數學家所推導出來的數字。

- 最後數學家證明出圓周率是無理數，不能表示為分數的形式。圖 69 是其中一種的計算方法。

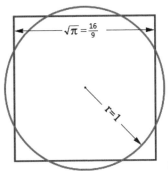

圖 67

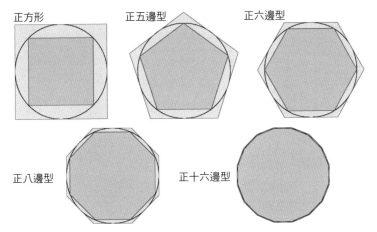

正方形　　　　正五邊型　　　　正六邊型

正八邊型　　　　正十六邊型

圖68：阿基米德求圓周率的方法，割圓術示意圖。

$$\pi = \lim_{n \to \infty} 2^n \times \sqrt{\underset{a_1}{\underbrace{2-}}\sqrt{\underset{a_2}{\underbrace{2+}}\sqrt{\underset{a_3}{\underbrace{2+}}\sqrt{\underset{a_4}{\underbrace{2+}}\sqrt{\underset{a_5}{\underbrace{2+}}\sqrt{\underset{a_5}{\underbrace{2+}}\sqrt{\underset{a_6}{\underbrace{2+}}\sqrt{\underset{a_7}{\underbrace{2}}}}}}}}}\cdots}$$

$b_4 = \sqrt{2-\sqrt{2+\sqrt{2+\sqrt{2+\sqrt{2+\sqrt{2\cdots\sqrt{2}}}}}}}$

$b_3 = \sqrt{2-\sqrt{2+\sqrt{2}}}$

$b_2 = \sqrt{2-\sqrt{2}}$

$b_1 = \sqrt{2}$

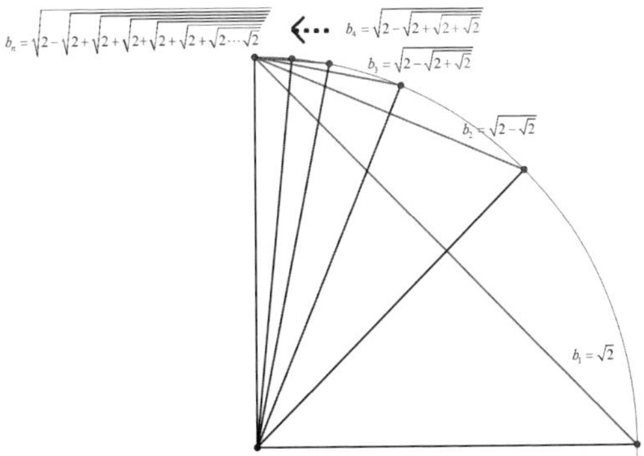

圖 69

1-19 阿基米德（二）：圓椎、球、圓柱的特殊關係

體積關係

阿基米德發現圓椎、球、圓柱放在同一平面，當三者高度相同，所占底面積相同時，會使得體積存在一個關係式，圓柱體積＋球體積＝圓柱體積，見圖 69。

證明：

因為是球與圓椎可以可以放入圓柱之中，所以球的直徑是圓柱的高。

而球的半徑就是圓柱與圓椎底面積的圓半徑，標上長度單位。見圖 70。

已知　1.　圓椎體積＝底面積 × 高 × $\dfrac{1}{3}$

$$= \pi r^2 \times 2r \times \dfrac{1}{3}$$

$$= \dfrac{2}{3}\pi r^3$$

2.　球體積　　$= \dfrac{4}{3}\pi r^3$

3.　圓柱體積＝底面積 × 高

$$= \pi r^2 \times 2r$$

$$= 2\pi r^3$$

4.　圓椎體積＋球體積

$$= \dfrac{2}{3}\pi r^3 + \dfrac{4}{3}\pi r^3$$

$$= \dfrac{6}{3}\pi r^3 \ = 2\pi r^3$$

圓椎體積＋球體積的確與圓柱體積相等。

球的表面積與圓柱側面積的特殊關係

阿基米德得到球的表面積 $= 4\pi r^2$ 的時候，獲得了一個令人感到驚喜的事情，把一個球放入剛好吻合的圓柱之中，計算該圓柱的側面積，圓柱的側面積竟然與球的表面積相同，見圖 71。

由圖可知，長方形是圓柱的側面積，為 $4\pi r^2$；而球表面積是 $4\pi r^2$。很神奇的兩者數值竟然相等，這是多麼的讓人感到驚訝。阿基米德（圖 72）得到這特別的成果，甚至要求把圖案刻在他的墓碑上，見圖 73，可惜的是雕刻者怎麼弄都不標準。

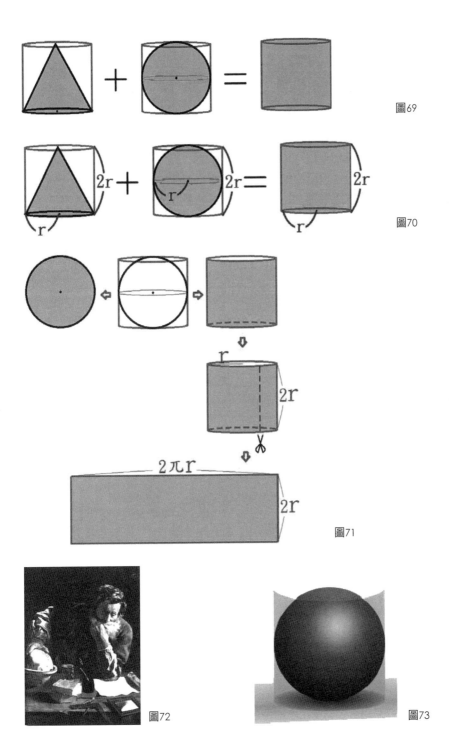

圖69

圖70

圖71

圖72

圖73

1-20 阿基米德（三）：密度的前身——排水法

希臘的排水法：

國王找了一個金匠打造黃金皇冠，又擔心金匠會偷工減料，偷走部分黃金，加其它金屬充數。因為形狀改變，從體積與外觀上面，不知道是不是跟原來黃金數量一樣，但重量又是一樣，無法判斷有沒有偷工減料，但國王感覺體積不大對勁。所以國王找了阿基米德幫忙，以確定皇冠是否有添加其它金屬物。

為了解決這個問題，阿基米德百思不解，有一天洗澡時剛進浴缸時，發現因為水位上升，水流出了浴缸，突然靈光一閃，跳了出去，光著身體跑到外面去，大喊「尤里卡 (Eureka)！」（就是「我發現了」的意思），而他到底發現了什麼！他發現，**流出浴缸的水的體積**就是**物體的體積**，而這被稱做排水法。

註：最著名發明博覽會，就是以尤里卡 (Eureka) 來命名。

原本阿基米德只知道，皇冠切開的每一個部分，體積一樣，重量就是一樣。如果黃金皇冠不是純金，而是被添加了其它金屬，那麼重量就會改變，在同等體積下，其它金屬的重量與黃金的重量不一樣。同樣的在同等重量下，其它金屬的體積與黃金的體積不一樣。所以阿基米德利用把皇冠放進水裡面，紀錄流出來的部分就是皇冠體積，再把當初給金匠的同樣重量的黃金，放進去水裡得到體積。最後發現 2 次體積不一樣，發現金匠果然偷了國王黃金，阿基米德成功的解決國王的問題。

阿基米德利用的只要黃金體積一樣，黃金重量就是一樣，這就是密度的意義，黃金的密度，任何區塊都是相等的。但在那時並沒有密度這個名詞，只知道純金屬物質，重量與體積的比值固定。最後定義：重量與體積的比值，稱為密度。

阿基米德也因為排水法，總結出浮力的理論。阿基米德對於後世的各領域貢獻都是巨大的，留下不朽名句：「給我一個夠長的槓桿，我就可以移動這地球！」「Give me a place to stand on and I will move the earth」，見圖 74。

中國的排水法：

阿基米德的排水法——檢查皇冠，是測量密度的前身，接著看中國的排水法——曹沖秤象。曹沖是個很聰明的人，在 5 歲多時候，曹操收到孫權送的一隻大象。面對這麼大的動物，曹操突然想說：這麼大的動物，那到底是多重呢？但是大象太大，到底該怎麼秤重，於是問屬下，得到一堆不好用的方法。有的說做一個超大的秤；有的說殺了切塊分開，量完加起來。在大家想不出辦法的時候，曹沖出來了，他對他的父親曹操說了一個辦法。先把大象帶到船上去，船吃水下沉，穩定後，看船下沉到哪裡，刻上痕跡做記號，把大象帶出來。放入石頭一個一個放入，石頭一直放，直到吻合吃水的痕跡。再把石頭拿去秤量重量，加起來就是大象的重量。

見圖 75。此方法與阿基米德類似，不同的是，阿基米德是算流出去的水體積是否一樣；曹沖利用的是吃水多深，也就是水被排開多少，但是不知道水的體積，只要水排開體積是一樣，這兩次的重量是相等。可惜的是中國沒有因此得到密度的概念。

動物的排水法——烏鴉喝水的故事：

烏鴉想喝花瓶裡面的水，但是花瓶細長，水又不夠高，怎麼才能喝到水？

烏鴉可以把小石頭一個一個放進去，讓水位上升，圖 76。這也是排水法的利用。

圖74

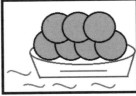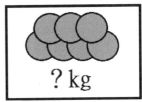

圖75

圖76

1-21 **阿基米德（四）：密度**

　　密度($\frac{M}{V}$)是用來描述物體在單位體積(V)的質量(M)，密度就是質量與體積的比值。也引申為一個數量與一個範圍的比值，如：人口密度。為什麼要有密度的出現呢？對於一個東西的描述，我們很難清楚的去描述，誰比較密集。如果體積限制是一樣，再去看重量，輕而易舉可知哪個比較密集。如果體積不同，重量也不同，那要如何去知道在同等體積的情形下是哪個重，這時候密度就很有用了。人口密度也是同樣的道理。見表 17，每一個方塊面積是一樣大，點代表人數，比較密集與稀疏。

　　當我們在討論，物品的密度也是一樣，質量與體積的比值。不同的物品有不一樣的密度，如果混合的話，則密度會改變。

密度的現代應用

　　現在假黃金仿造技術日新月異，在 2010 年爆發好幾次的假黃金流入市面，仿造技術的提升使得金市受到大量的損失。仿造集團知道要讓黃金真實度提高。

1. 除了外觀必須可以取信於金店，同時表面要有一定厚度的純金，不能只鍍薄薄一層，不然容易被簡單測試，而被發現是假黃金。
2. 同時中心的物質，也必須混合出同樣密度的合金，（同樣密度：合金的體積與重量跟真實黃金一樣），也就是說中心空間的體積與重量要跟真實黃金一樣。合金組合有七種其他金屬：鋨、銥、釕、銅、鎳、鐵、鉑，占了全部的 50%，其中的比例是仿製集團，所掌握的高端技術，而這些金屬替代品（合金）與黃金的差價，就是偽造的利潤。

　　仿造集團利用純金也是有分程度，知道黃金密度，誤差在多少以內，能被視為是純金。這是一個高科技的犯罪行為，所以以往的真金不怕火煉，在這次偽造技術，中心是假的，表皮有超過 50% 的真金，密度又是允許範圍，黃金變得難以判別，必須利用更精密、更麻煩的方法來判斷真假，如：整塊融化發現雜質，高溫下切開觀察截面。所以在購買時需多加注意。

小博士解說

　　黃金在生活上除了拿來象徵財富地位。也廣泛應用在電子工業上，因為黃金有高傳導性、及高抗氧化、抗環境侵蝕，令電線接件有良好連接。在其他應用層面，如部分電腦、通訊設備、太空飛行器、噴射機引擎等等仍十分普遍使用黃金，所以黃金是很珍貴的一種金屬。

表 17

甲 乙	我們可以輕鬆的數出點的數量， 甲有 4 個點；與乙有 6 個點，乙比較密。
甲 乙	我們可以輕鬆的數出 甲與乙都是 12 個點， 但是甲是分布在 3 格，乙是分布在 2 格。 所以很明顯的感覺乙比甲密集、 也就是乙的密度比較大。 甲的密度是 12 ÷ 3 = 4，乙的密度是 12 ÷ 2 = 6， 的確數字比較大。
甲 乙	我們可以輕鬆的數出來甲有 15 點 　　　　　　　　　乙有 12 點， 但是甲是分布在 3 格，乙是分布在 2 格。 甲的密度是 15 ÷ 3 = 5 乙的密度是 12 ÷ 2 = 6，卻是乙密度大。

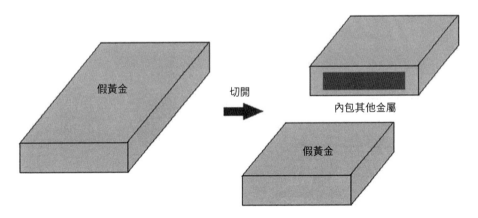

假黃金圖片示意圖，也可參考聯結見假黃金被切開的圖片，可以明確的觀察色差。
http://greatascension.blogspot.tw/2014/06/blog-post.html

「如果一個方程式，我不懂它的意義，那它不能教我任何東西。但如果我已經知道此方程式的用途，教我，讓我得到此知識。」

聖奧古斯丁 (Aurelius Augustinus)，354 – 430　神學家、哲學家

《善政的效應》細節，錫耶納市政廳的一幅濕壁畫，作者安布羅喬·洛倫澤蒂（Ambrogio Lorenzetti），1338年。

第二章
中世紀

2-1 **認識各古文明的數字（四）：印度、阿拉伯、羅馬**

印度、阿拉伯文明

在先前已知古文明各自有數字、不同的進位制，但因交通導致文化不流通，很多國家還是各自發展自己的數字，而我們現在常用的阿拉伯數字為什麼會長這樣？從歷史上來理解，印度人製作一套方便的符號與計算方式 - 印度數字與 10 進位。隨後阿拉伯人經由經商將這套方便使用的印度數字，流傳到歐洲再傳到世界各地。所以要知道阿拉伯數字並非阿拉伯人發明，是印度人發明。而印度人發明這套數字有其理解意義，有幾個角表示數字幾，見圖 1 觀察原始寫法就是能了解。而阿拉伯人本身也有其自己發明的數字，真正的阿拉伯數字是這樣寫，見表 1。而且阿拉伯人數字書寫是由右向左。

羅馬文明

10 進位的數字還有羅馬文字，他與中文字一、二、三有著相同的象形意義，或者說他與中文數字——算籌更為相似。但卻不好計算，並且沒有 0。計算的時候，羅馬人使用算板，而不是羅馬數字。好比說中國以前算數是用算盤，或是用算籌來計算，而不是國字去加減。

羅馬數字的由來，打仗時用樹枝來計算天數，以 1 根樹枝代表 1、2 根樹枝代表 2、到了 5 用 V。在許多地方使用羅馬數字也會用來象徵其特殊性。可以表示第一代、第二代、一世、二世 ... 等等，但羅馬數字雖然對於加減法方便，但在乘除法上就相當的麻煩。

羅馬數字規則

1. 羅馬數字的計算規則，1 個羅馬數字出現幾次代表那個數字加幾次，III=1+1+1=3
2. 小的數在右邊是加，6=VI，I 是 1，V 是 5，60=LX，X 是 10，L 是 50
   小的數在左邊是減，4=IV，I 是 1，V 是 540=XL，X 是 10，L 是 50
   但左邊減數字不能跨位元數，就是說百位不能減去個位 99 不能寫成 IC，
   要寫 90+9=XC + IX ⇨ XCIX，同樣的右邊加數字不能一樣的出現 3 次。
   比如說 9 不能寫 VIIII 要寫 10-1 等於 IX。
3. 在羅馬數字上方加一個橫線、或右下方寫 M，代表該數字乘上 1000 倍，
   2 條橫線是 1000 倍再 1000 倍，$\overline{\text{V}}=5\times1000=5000$、$\text{X}_M=10\times1000=10,000$、
   $\overline{\overline{\text{V}}}=5\times1000\times1000=5,000,000$。
4. 數碼限制：同樣羅馬數字最多只能出現 3 次，如 40，不能表示為 XXXX，而要表示為 XL。但是比較特別的是一般時鐘就用 IIII 代替，但不包括英國大笨鐘。有可能是為了時鐘數位都是 2 個字的關係。羅馬數字相當特別，只有 1=I、5=V、10=X、50=L、100=C、500=D、1000=M，剩下都靠組合。舉例：1-I、2-II、3-III、4-IV、5-V、6-VI、7-VII、8-VIII、9-IX、10-X、11-VI、12-VII、13-XIII、14-XIV、15-XV、40-XL、50-L、90-XC、101-CI。

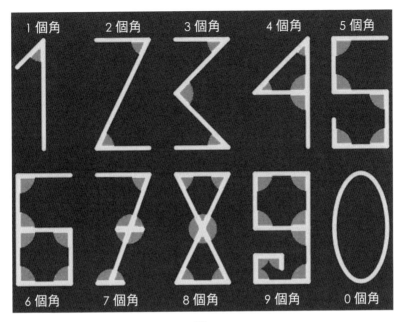

圖1

表 1

印度數字	0	1	2	3	4	5	6	7	8	9	10
阿拉伯數字	٠	١	٢	٣	٤	٥	٦	٧	٨	٩	١٠

懷錶的4是IIII，而英國大笨鐘的4是IV，兩者不一樣。

2-2 **中世紀的數學：阿拉伯與印度**

古希臘在滅亡之後，中世紀西方世界的文明處於停頓狀態，而數學發展也不例外。學者輾轉逃到了阿拉伯、印度等地方，在此刻是印度與阿拉伯有較多的數學研究。古希臘的幾何學帶動了當地的文明，但我們要知道古希臘對於代數並沒有那麼多深入研究，主要是阿拉伯人在研究數學。

阿拉伯數學家花拉子米 (Khwarizmi) 開創了**代數學**，他的著作「還原與對消計算概要」（西元 820 年前後）於 12 世紀被譯成拉丁文，在歐洲產生巨大影響，見圖 2。回教文化因宗教原因，建築，繪畫，裝飾都不能出現人像，因而發展出豐富的幾何藝術，阿拉伯世界發展出的幾何藝術，可說是近代數學藝術的始祖，見圖 3 至圖 5。

印度人使用巴比倫人的位置制原則，建立了 10 進位體系，並創了具有完整意義的「**零**」，此外，他們還開創了「**負數**」的概念。早在 7 世紀印度為了要處理負債問題，發明了 0 與負數，但到 14 世紀才傳到歐洲，並且歐洲人很抗拒負數，認為一切不能用眼睛數出來的數字，都不是上帝發明的數，非自然界存在的數字，既然不能看見，所以不能使用。在一開始傳授負數的知識時，甚至被當作異教徒、瀆神者而被抓去處死。連許多數學家也不能接受負數，更甚至連偉大的數學家歐拉也說「雖然我不知負數到底是什麼，但在計算上可以符合數學式」。一直到 17 世紀，歐洲大多數學家抵制負數的概念才逐漸減緩。

印度與阿拉伯的代數研究內容與希臘的幾何知識，啟發了歐洲的文藝復興。所以中世紀的數學研究，印度與阿拉伯具有著承先啟後的地位。

小博士解說

歐洲到很晚才能接受 0 與負數的概念，但在西元前 202 年到公元 220 年中國漢朝，用紅色的字表示正數，黑字表示負數，可見中國很早就接受涉及負數的方程式。

印度數學的乘法表不像是台灣的是 9×9 乘法表，原理後死背，它們是用小技巧來推算，如：$13 \times 12 = (13+2) \times 10 + 3 \times 2 = 156$，其實它用的是分配率，$13 \times 12 = (10+3) \times (10+2) = 10 \times 10 + 10 \times 2 + 3 \times 10 + 3 \times 2 = (10+3+2) \times 10 + 3 \times 2$，製造出一個很特別的方式來計算，讓學生覺得數學很神奇，可以轉幾個彎來學習，引發興趣，並練習分配率的幾何概念。不過我們仍然可以利用熟悉乘法直式來直接計算，也不會太慢。

圖2：花拉子米(Khwarizmi)的著作
「還原與對消計算概要」封面（西元
820年前後）阿拉伯語的「還原」是
「Al-jabr」，即移項的意思，此字在14
世紀演變成拉丁字：Algebra，正是
今天代數一詞的英文。

圖3：建築與幾何藝術的結合。

圖4：建築與幾何藝術的結合。

圖5：建築與幾何藝術的結合。

2-3 **為什麼負負得正呢？**

變號公式，為什麼正確？正 × 正＝正、正 × 負＝負、負 × 正＝負、負 × 負＝正，公式中的正、負所代表的是正數、負數，或是說加減？先認識數字的概念，在正負數中有一個奇妙的地帶，正 1 與負 1 距離是 2，但其他相鄰數字都是距離 1，其中正 1 與負 1 距離是 2 感覺很奇怪，為了每一個相鄰數字都是距離 1，才將空洞補起來，而這個空洞就是 0，0 並不是為了表示沒有，而是讓每一個數與數之間的間隔一樣，0 剛好在正數負數的最中間，而同時它的意義也能代表著沒有。因為數字的世界，增加 0 與負數，定下每一個數（正數）都有一個對應的負數，並且正數加上所對應的負數等於 0；$a+(-a)=0$，a 是正整數。對應的負數：原本的數前方加上負號，又稱加法反元素

變號公式問題，使用變號時，有時是兩數相乘時有負數而變號，例如：$(-2)\times(-3)=6$、$7\times(-3)=-21$；有時卻又是加、減號與負數而變號，例如：$20+(-1)=20-1=19$；那麼變號公式說的到底是哪一個情形？還是兩個情況用的是一樣的公式？

乘法部分的變號：

正數乘正數得到正數，「正正得正」本身沒有問題，加入負號會產生什麼變化呢？
用嚴謹的數學說明正數與負數彼此相乘的關係：

i. 負正得負：已知 $a+(-a)=0$，令 $a=1$，以及利用分配律的觀念。

$$1+(-1)=0$$

同乘1	$[1+(-1)]\times 1=0\times 1$
分配律展開	$1\times 1+(-1)\times 1=0$
這時候$(-1)\times1$不知道多少	$1+(-1)\times 1=0$
同時加上 -1	$-1+1+(-1)\times 1=-1+0$
結合律	$(-1+1)+(-1)\times 1=-1$
0加上任何數等於任何數	$0+(-1)\times 1=-1$
負正得負	$(-1)\times 1=-1$

注意這時「負正得負」，負正得負不是符號，是負數乘正數。

ii. 正負得負：接著把乘 1 放在前面，同理再做一次，就能看到『正負得負』，並可知道負數、正數的相乘也具有交換律：負數乘正數 = 正數乘負數。

iii. 負負得正：同樣的方法再做一次，這次乘上 -1

$$1+(-1)=0$$

同乘-1	$[1+(-1)]\times(-1)=0\times(-1)$
分配律展開	$1\times(-1)+(-1)\times(-1)=0$

已知 $1\times(-1)=-1$ ，這時候不知道$(-1)\times 1$為多少？

$$-1+(-1)\times(-1)=0$$

同時加上1	$1-1+(-1)\times(-1)=1+0$
結合律	$(1-1)+(-1)\times(-1)=1$
0加上任何數等於任何數	$0+(-1)\times(-1)=1$
負負得正	$(-1)\times(-1)=1$

『負負得正』負負得正不是符號,是負數乘負數。

注意這時『負負得正』負負得正不是符號,是負數乘負數。

加減部分的變號:運算符號的變號公式是另一件事情,但其規則是一樣,現在來看其原因。弄錯唸法的4個運算:

正正得正:$a+(+b)=a+b\Rightarrow 2+(+1)=2+1=3$(原本有2元加上1元)

負正得負:$a+(-b)=a-b\Rightarrow 2+(-1)=2-1=1$(原本有2元加上你還欠別人1元)

正負得負:$a-(+b)=a-b\Rightarrow 2-(+1)=2-1=1$(原本有2元花掉1元)

負負得正:$a-(-b)=a+b\Rightarrow$

想法1:$100-90=10$	100元花去90元,剩10元
想法2:$100-90$	
$\quad100-90=10$	100元花去90元,剩10元
$\quad100-90$	
$=100-(100-10)$	已知 $90=100-10$
$=100-(100+(-10))$	已知,減法 = 加負數,$-10=+(-10)$
$=100-100-(-10)$	而減去可以2個加起來付錢,例:$7-(1+2)$ 也可以分開付錢 $7-1-2$
$=0-(-10)$	此式應該要等於想法1的答案10元
$\Rightarrow\quad10=0-(-10)$	
$0+10=0-(-10)$	所以減負得加

所以加減時的口訣應該這樣念才正確,見表2

正正得正	$a+(+b)=a+b$	加正數,用加法
正負得負	$a+(-b)=a-b$	加負數,用減法
負正得負	$a-(+b)=a-b$	減正數,用減法
負負得正	$a-(-b)=a+b$	減負數,用加法

也就是「加減運算符號」與「正負性質符號」,會得到運算的方法。

結論:清楚四個口訣的由來後,可以把正負符號當正負數直接使用,其結果不變,但原理要知道。**國一生一定要弄清楚,因為沒有道理的死背公式,會開始厭惡數學。**

2-4 指數（一）：神奇的河內塔、棋盤放米

河內塔 (Tower of Hanoi) 與指數

　　河內塔遊戲有三根杆子，見圖 6。左邊桿上有 n 個 (n>1) 盤子，盤子大小由上而下，越來越大。遊戲玩法是：

　　1. 每次只能移動一個圓盤；

　　2. 大盤不能疊在小盤上面。

　　3. 將左邊桿上全部的盤子，移到另一桿去，盤子大小由上而下，越來越大。

　　而有趣的問題是最少要移動幾次？答案是 2^n-1 次。

　　在印度有個傳說叫做梵天寺之塔問題 (Tower of Brahma puzzle)，也就是河內塔遊戲的預言，印度某間寺院有三根柱子，上串 64 個金盤。僧侶照規則移動這些盤子，當成功完成此遊戲的時候，世界就會滅亡。我們來計算一下要幾個步驟，需要 $2^{64}-1$ 步驟，才能完成，若一秒移動一個盤子，最少需要 5849 億年才能完成。

　　或許宇宙的壽命沒有那麼長也說不定。

　　河內塔遊戲，如何計算最少的步驟。以座標形式來表達移動，x 為底部。

有兩個盤子：

(12x,x,x) →將最小號碼移動到中間 (2x,1x,x)

→改變最大號碼的位置 (x,1x,2x)，

→接著只要移動 1 就完成 (x,x,12x)

總共 3 步

有三個盤子，要先把 12 移到其他位置才能移動 3，

(123x,x,x) → (23x,1x,x) → (3x,1x,2x) → (3x,x,12x)

→改變最大號碼的位置 (x,3x,12x) 只要移動 12 就完成了，也就是 2 個盤子的移動

→ (1x,3x,2x) → (1x,23x,x) → (x,123x,x) 完成

總共 7 步

有四個盤子，要先把 123 移到其他位置才能移動 4，

也就是先移動上面三個盤子也就是 7 步，

$(1234x,x,x) \xrightarrow{7步} (4x,123x,x) \xrightarrow{1步} (x,123x,4x) \xrightarrow{7步} (x,x,1234x)$

總共 15 步

可以發現：

2 個盤子要 3 步

3 個盤子要 7 步

4 個盤子要 15 步

看起來是

n 個盤子要 2^n-1 步

以五個盤子來驗證計算式的正確性，要先把 1234 移到其他位置才能移動 5
也就是先移動上面四個盤子也就是 15 步，

$$(12345x,x,x) \xrightarrow{15步} (5x,1234x,x) \xrightarrow{1步} (x,1234x,5x) \xrightarrow{15步} (x,x,12345x)$$
總共 31 步，符合 $2^5-1=31$ 步。

在簡單的小遊戲中藏著指數、推理、等等的數學，所以更能感覺到數學就藏在我們
生活之中。

棋盤放米與指數

有一個聰明的智者，發明了西洋棋，國王因此覺得高興，決定賞賜他，決定給他棋
盤上格子數量的黃金，但被婉拒了，智者說只要米。每天只要把指定數量的米，放在
格子上，但是，指定數量米的方式相當有趣，在棋盤上，從第一格開始，第一格要 1
粒米，第二格要 2 粒，第 3 格要 4 粒，第四格要 8 粒，……，每往下一格都乘以 2。
國王心想不過就是一個棋盤的米，不會有多少，但賞賜到棋盤上的第 11 格時，國王
就發現不對勁。因為，棋盤上第 11 格米的數量是 1024 粒米，而棋盤上的總格數是 64
格。因此等到棋盤每格都放入規定的數量，這米的數量也大到不可思議，這也讓國王
不得不佩服智者！

圖6

「我總是盡我的精力和才能來擺脫那種繁重而單調的計算。」

納皮爾 (John Napier)，1550 － 1617，

蘇格蘭數學家、物理學家、天文學家。

「給我空間、時間、及對數，我可以創造一個宇宙」

「自然這一巨著是用數學符號寫成的。」

伽利略 (Galileo Galilei)，1564 － 1642，

義大利物理學家、數學家、天文學家及哲學家。

圖片，復活，取自wiki共享，作者，法蘭切斯卡 (Francesca)。

第三章
文藝復興時期

3-1 小數點、千記號的由來

小數點「.」

分數在西元前 1800 年的古埃及就開始使用，一直到西元 1600 才開始有使用上的困難。1548~1620 年荷蘭的數學家斯帝文 (Simon Stevin)，見圖 1，當時荷蘭與西班牙發生戰爭，有戰爭就需要錢，而經費不足就需要借錢。借錢就需要利息，但利息用分數去算相當麻煩。如果是好算的利率還容易計算，如借 100 萬，利息 $\frac{1}{10}$。但利息又不是能每次都是好算的分數，如果利息是 $\frac{1}{13}$，那又該怎麼算呢？

斯帝文為了處理分數不好計算的情形，思考數字間的關係。發現被除數多 10 倍，其商也是多 10 倍，所以如果計算到整數之後，補 0 後也繼續計算，這樣商就會出現一部分的整數，與一段數字，這段數字是原本是分數的部分。利用這段數字斯帝文可以輕鬆的算出利息。

先舉簡單的部分來看，借 100 萬，利率 $\frac{1}{4}$，所以利息是 100 萬 $\times \frac{1}{4}$ =25 萬，而 $\frac{1}{4}$ =0.25，100 萬 $\times$0.25=25 萬。也可以方便計算出來。

所以借 100 萬，利率 $\frac{1}{13}$，所以利息是用原本的方法是 100 萬 $\times \frac{1}{13} \approx$76923，但如果利用小數 $\frac{1}{13}$ =0.076923…，100 萬 $\times \frac{1}{13} \approx$ 100 萬 $\times$0.076923=76923。

先將分數換小數後就可以方便計算。而斯帝文為了讓大家方便使用，在 1586 年著作一本利率表，以方便大家利用。

不過有趣的是當時的小數點概念，與現在不大相同。而且各國也都不一樣。最後慢慢的才變成現在大家習慣的樣子。看看當時與現在的差別。現在的 5.678，

斯帝文：5 ⓪ 6 ① 7 ② 8 ③，用圈起來的方式表是第幾位。不方便。

納皮爾 (Napier)：5・678，用姓名的間隔號來當小數點，但是與乘號混亂。

法國、義大利、德國：5,678，用逗號來當小數點。不過現在使用會與千記號混亂。

印度：5-678，但是與現在減號混亂。

美國：5.678，用句號。

在二十世紀各國開始採納美國用句點的方式。

千記號「,」

當數字太多的時候，西方國家的數字，不像中文數字每個字後面都有國字，如：12345 是一萬兩千三百四十五。所以西方國家會在數字中加進一個符號，以免位數太

大而難以看出數值。所以每隔三位數加進一個逗號「,」,也就是千位分隔符,又稱千記號,以便更加容易認出數值。同時也是由此而產生新單位。

1,000 one thousand 一千

1,000,000 one million 一百萬

1,000,000,000 one billion 十億

可以發現西方是每隔三位數有新單位,與中國不同。中國是每隔四位數開始有新單位。如:1234567890 中文讀作:十二**億**三千四百五十六**萬**七千八百九十。熟知數學符號的歷史後,是不是更了解數學都是需要而產生的呢!

圖1:斯帝文肖像

```
       76923           7692            769           0.076923
13)1000000    13)100000    13)10000        13)1000000
    91             91              91                91
    90             90              90                90
    78             78              78                78
    120            120             120               120
    117            117             117               117
      30             30             3                 30
      26             26                               26
      40            4                                 40
      39                                              39
       1                                               1
```

由此圖可以了解每增加一個位數,商就增加一個數字,反之如果補 0 計算就可以讓商變成小數,再用小數與借款作乘法,就可以方便計算出利息。

3-2 **數學運算符號的由來**

我們有很多的數學運算符號，但其實現今運算符號的創造與實際上運算的概念順序是不一樣的。符號創造觀念依序是：加（＋）、減（－）、乘（×）、除（÷）。現今符號創造依序分別是：減（－）、加（＋）、乘（×）、除（÷）。以及運算符號是經由不斷的修正、各國交流整合才成現在的模樣，在一段時期用字母來代替，但會與未知數搞混。以及中國用國字來代替造成不便。接著來看現在運算符號的由來。

減號「－」、加號「＋」的記號

15 世紀德國數學家魏德曼創立加號「＋」、減號「－」。可想作十字是直線加橫線，表示加起來的意思；十字拿走直，表示減少的意思。

另一種說法：原是船員使用桶中的水時，為表示當天取用的分量而以橫線做標記，代表減少的水量。後來，減法便以「－」作為減的符號。船員重新加水到水桶，會先在原來的「－」記號上加上一條縱線，再繼續刻下 - 號直到木桶不能用，所以加法便以「＋」作為加的符號，減法便以 - 作為減的符號，見圖 2。

乘號「×」、「·」、「不寫」

17 世紀英國數學家歐德萊，因乘法與加法的有關，將 3+3+3+3 定為 3×4，連續加法加幾次就是乘幾，讓計算變快，而下坡速度會變快，所以歐德萊把加號斜著寫表示相乘。後來德國數學家萊布尼茲 Leibniz 認為「×」容易與字母「X」混淆，主張用「·」，一直至今「×」與·並用。到現在我們的乘號，有三種方式「×」、「·」、「**不寫**」。

「×」主要用在數字相乘、少用「·」怕會跟小數點搞混，

「·」主要用在符號相乘、少用「×」，怕會跟 X 搞混，

由於乘號用「·」也是有點麻煩，所以代數相乘時也就「不寫」，而數字相乘不能不寫，不然會以為是更大的位數。我們有時可以發現在電腦鍵數字盤上的乘號是「*」、「★」，這邊是避免與 X 搞混（見圖）。

除號「÷」、「／」

17 世紀瑞士數學家雷恩創立，其中一種說法認為分數形式是「$\frac{\cdot}{\cdot}$」，該記號必須代表有分數的感覺，所以除號，上方和下方的「·」分別代表分子和分母。

另一種說法則認為 ，除法以分數表示時，橫線上下的「·」是用來與 - 區分的記號。萊布尼茲主張用「：」作除號，與當時流行的比號一致。現在有些國家的除號和比號都用「：」表示。而「／」對於印刷版面有著方便的應用，不用多做版塊，直接用日期的斜線版塊，也普遍被接受這是除號。同時也有人說，除法是連續減法的應用，所以除法也類似乘法一般，斜放變除。

· 等號「＝」

1540英國學者列考爾德開始使用「＝」，用兩條平行等長的直線，來代表兩數相等。

· 大於「＞」、小於「＜」

1631 年英國著名代數學家赫銳奧特開始使用大於「＞」、小於「＜」，原理如同等號，兩條交叉的線，越靠近交叉點，兩條線間的距離越來越小。所以**靠近遠的距離**大於**靠近交叉點的距離**，反過來就是小於。

· 中括弧「[ ]」和大括弧「{ }」

16 世紀英國數學家魏治德開始使用中括弧與大括弧，為了區別小括弧的重複使用而混亂的情形。

數學運算符號的產生，一開始各國有各國的習慣符號，但最後為了方便交流，變成全世界通用的符號，也就意味著數學語言是全世界的共通語言。萊布尼茲知道數學語言是全世界語言，想創造一個全世界通用的溝通語言，不過還是失敗了。但他還是開創了現在全世界邏輯學常用的符號及觀念。

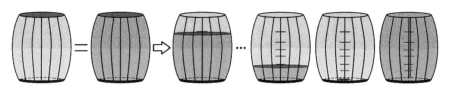

圖2：水桶的記號與加減

數字鍵盤上的「★」號是乘號。

3-3 椎體是柱體體積的 $\frac{1}{3}$ 倍

什麼椎體是柱體體積的 $\frac{1}{3}$ 倍？我們可以想像把一個角（圓）錐橫切薄片，切到非常薄，每一層的形狀都像一個柱體，一個高度很小的柱體，比如：四角椎橫切很多片後，每一片都像四角柱，同時下一層的底面積會非常接近上一層的底面積，把每一層的底面積乘上微小的高度，計算後就能得到角（圓）椎每一層的體積，而最後的累加起來是原來的角（圓）柱體積的 $\frac{1}{3}$。以「**四角柱與四角椎的關係**」為例。已知邊長成比例，面積成平方比，舉例，邊長 1 的正方形，面積 1，邊長 2 的正方形，面積 4，邊長 3 的正方形，面積 9，邊長 n 的正方形，面積 n^2，如果是縮小，變成，邊長 $\frac{1}{n}$ 的正方形，面積 $(\frac{1}{n})^2$。令四角柱三邊長，長＝ a、寬＝ b、高＝ c，體積 ＝ 底面積 × 高＝ abc，四角椎我們把它切成薄片，薄片高度 $\frac{c}{n}$，n 是一個很大的數，代表切很多片 (層)，見圖 3。從最下面一層開始計算體積，

第 1 片 $ab \times (\frac{c}{n})$

第 2 片 $ab(\frac{n-1}{n})^2 \times (\frac{c}{n})$，縮小了 $\frac{1}{n}$，面積變成底面積的 $(\frac{n-1}{n})^2$ 倍

第 3 片 $ab(\frac{n-2}{n})^2 \times (\frac{c}{n})$，縮小同理

$\quad\quad\vdots$

第 n 片 $ab(\frac{1}{n})^2 \times (\frac{c}{n})$　　，縮小同理

全部加起來，就是四角椎體積

$$ab \times (\frac{c}{n}) + ab(\frac{n-1}{n})^2 \times (\frac{c}{n}) + ab(\frac{n-2}{n})^2 \times (\frac{c}{n}) + \cdots + ab(\frac{1}{n})^2 \times (\frac{c}{n})$$

$$= \frac{abc}{n^3} \times [n^2 + (n-1)^2 + (n-2)^2 + \cdots + 1^2] \quad\quad 分配律$$

$$= \frac{abc}{n^3} \times \frac{n(n+1)(2n+1)}{6} \quad\quad 平方和公式$$

$$= \frac{abc}{3} \times \frac{n}{n} \times (\frac{n+1}{n}) \times (\frac{2n+1}{2n}) \quad\quad 展開化簡$$

$$= \frac{abc}{3} \times 1 \times (1 + \frac{1}{n}) \times (1 + \frac{1}{2n}) \quad\quad 約分$$

當 n 是越大的數，$\frac{1}{n}$ 與 $\frac{1}{2n}$ 會接近 0，誤差就越小，四角椎體積就越準。所以四角錐

體積$=\dfrac{abc}{3}\times1\times(1+0)\times(1+0)=\dfrac{abc}{3}$，跟四角柱體積 abc 比較，正好是 $\dfrac{1}{3}$ 倍。因此，四角錐體積是四角柱的 $\dfrac{1}{3}$ 倍。以此類推，將可以推得每一個柱體體積的 $\dfrac{1}{3}$ 倍，就是角椎的體積。圓柱與圓錐關係也是一樣，有興趣的人可以做看看。

歷史上的證明方法，是用物理實驗，一個椎體的重量是對應柱體重量的 $\dfrac{1}{3}$，或是說一個椎體的裝滿了水，可以倒水給對應柱體三次就裝滿。但是這個方法不夠精準，因為我們現實中如何細心，都會存在誤差，在後來被卡瓦列利 (Cavalieri：1598-1647) 用數學的方法證明之後，確定椎體是柱體的 $\dfrac{1}{3}$ 倍。

而歪的椎體算法，也是底面積 × 高 × $\dfrac{1}{3}$，當我們算完標準的椎體體積後（空中的頂點在底面圖形的中心正上方），同時也想算出歪的椎體體積是多少（空中的頂點不在底面圖形的中心正上方）？所以用同樣的方法，去找歪的椎體的體積，椎體體積由來是橫切成一片片，錐體側面圖，空中頂點向右拉，在每一層區塊底都一樣，高也一樣，故體積一樣。所以不管椎體是正的椎體還是歪的椎體，每一層體積都一樣，見圖4。

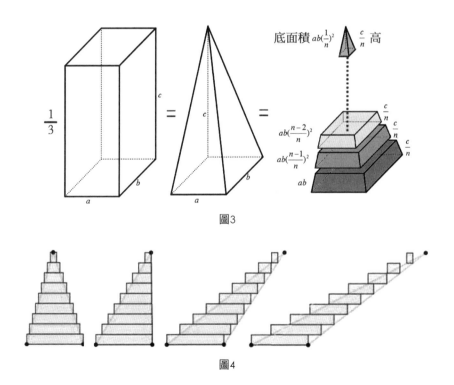

圖3

圖4

3-4 **納皮爾的對數**

　　為什麼需要對數？對數是為了增加數學計算的便利性。由納皮爾 (Napier) 創立，他在西元 1550 年在蘇格蘭愛丁堡出生。對數的由來是，納皮爾是長老教會的修道士，常聽到計算很大的數字容易算錯的狀況，那時計算機還沒發明，1822 年英國數學家巴貝其 (Charles Babbage) 才發明第一台計算機，見圖 5。

　　納皮爾因此尋找新的計算方法，納皮爾注意到指數相乘的數字關係，為了解決大數不好相乘的問題，已知 $A = 10^x$、$B = 10^y$，則 $A \times B = 10^x \times 10^y = 10^{x+y}$，納皮爾思考只要找出 A 對應的 x、B 對應的 y，然後再找到 10^{x+y} 對應的值是多少，就可以由查表找出 $A \times B = 10^{x+y}$，而他幫我們作出表格，見表 1。**註：納皮爾一開始不是用底數 10，而是 9.999999，而後為了方便計算再被改為以 10 為底。**

　　例題 1：觀察納皮爾的方法得到的值近似原本的值

$34567 \times 56789 = ?$

$\quad = 3.4567 \times 10^4 \times 5.6789 \times 10^4$

$\quad \approx 10^{0.5387} \times 10^4 \times 10^{0.7543} \times 10^4 \qquad$（由表1可知 $3.4567 \approx 10^{0.5387}$、$5.6789 \approx 10^{0.7543}$）

$\quad = 10^{9.2930}$

$\quad = 10^{0.2930} \times 10^9 \qquad$（由表1可知 $10^{0.2930} \approx 1.963$）

$\quad \approx 1.963 \times 10^9$

　　得到近似值，1.963×10^9，

　　與實際值比較 $34567 \times 56789 = 1963025363 = 1.963025363 \times 10^9$，誤差很小。

　　此方法在例題 1 看到不斷的重複寫底數 10，為了計算方便，納皮爾作出新的規則 - 對數與對數表，對數是找出指數是多少，如：2 的幾次方是 8，可以知道是 3。

　　指數的寫法：$2^y = 8 \Rightarrow 2^y = 2^3 \Rightarrow y = 3$，而對數的寫法：$\log_2 8 = 3$。

　　所以指數與對數的關係，$\log_2 8 = 3 \Leftrightarrow 2^3 = 8$，而用對數的規則，計算例題 1

　　例題 1：$34567 \times 56789 = ?$

　　設：$a = 34567 \times 56789$

$\log_{10} a = \log_{10}(34567 \times 56789)$

$\log_{10} a = \log_{10}(3.4567 \times 5.6789 \times 10^8)$

$\log_{10} a = \log_{10} 3.4567 + \log_{10} 5.6789 + \log_{10} 10^8 \qquad$ 乘法變加法 $\log_{10} xy = \log_{10} x + \log_{10} y$

$\log_{10} a \approx \quad 0.5387 \quad + \quad 0.7543 \quad + \quad 8 \qquad$ 查表 1 得近似值，作加法

$\log_{10} a = \quad 0.293 + \qquad 9$

$\log_{10} a = \log_{10} 1.963 + \log 10^9 \qquad$ 查表 1 換回來

$\log_{10} a = \log_{10} 1.963 \times 10^9 \qquad \log_{10} x + \log_{10} y = \log_{10} xy$

得到近似值, $a \approx 1.963 \times 10^9$

與實際值比較$a = 34567 \times 56789 = 1963025363 = 1.963025363 \times 10^9$,誤差很小。

結論:納皮爾讓大數字間的計算變成

　　「很大的數字進行乘法或除法的近似值計算時,

轉變成查表,再運算加法或減法,再查表就可以得近似值。」

納皮爾並製作了納皮爾尺(對數尺),見圖6,一種可調整刻度方便查表的工具。

圖 5:巴貝其的計算機,取自 WIKI

表 1

x	0.293	0.5387	0.7543
10^x 的近似值	1.963	3.4567	5.6789

圖6:納皮爾尺Napier's calculating tables取自WIKI。

　　對數的創造,使得許多科學家節省了許多時間,帶來了大家的便利性。法國數學家、天文學家拉普拉斯(Pierre-Simon marquis de Laplace)也提到「對數的發明,延長了數學家的生命。」

3-5 **笛卡兒的平面座標**

　　西元 1596 年法國數學家笛卡兒 (René Descartes) 創立了平面座標的架構。笛卡兒創立座標系，也稱「笛卡兒座標系」。而他為什麼會想作出座標系？據說當他躺在床上，觀察一隻蒼蠅在天花板上移動時，他想知道蒼蠅在牆上的移動距離，思考後，發現必須先知道蒼蠅的移動路線（路徑）。這正是平面座標系的誘因，但要如何描述此路線，他還經歷另一件事情，才找到方法。見圖 7。

　　在晚上休息之餘，他看到滿天的星星，這些星星如何表示位置，如果用以前的方法，拿出整張地圖，再去找出那顆星星，相當費時費力，而且也不好說明。只能說在哪個東西的旁邊。這只是相對說法，並不夠直接。笛卡兒從軍時，由於要回報給上級，部隊的位置，但無論是他拿著地圖比在哪，或是說在多瑙河上游左岸、或是下游的右岸等，這些找指標物，然後說一個相對位置，這是很沒有效率的說法，所以他開始思考如何好好描述位置。

　　有一天晚上笛卡兒正在思考不睡覺，被查鋪的排長拉出去到野外。在野外，排長說笛卡兒整天在想著，如何用數學解釋自然與宇宙，於是告訴他一個好方法。從背後抽出 2 支弓箭，對他說把它擺成十字。一個箭頭一端向右，另一個箭頭向上，箭可以射向遠方，高舉過頭頂。頭上有了一個十字，延伸出去後天空被分成 4 份，每個星星都在其中一塊。笛卡兒反駁：早在希臘人就已經使用在畫圖上，哪有什麼稀奇的地方。況且就算在上面標刻度，那負數又應該擺放在哪裡，排長就說了一個方法，把十字交叉處定為 0，往箭頭的方向是正數，反過來是負數，不就可以用數字去顯示全部位置了嗎，笛卡兒就大喊這是個好方法，想去拿那 2 支箭，排長將弓箭丟到河裡，笛卡兒追出去，想拿來研究，沒想到溺水了，之後被救醒。笛卡兒抓著排長大問，剛說了什麼，排長不理他，繼續叫下一個士兵起床，笛卡兒發現原來是夢，馬上拿出筆把夢裡面的東西寫下來，平面座標就此誕生了。

　　平面座標與方程式結合在一起，最後有了函數的觀念，笛卡兒將代數與幾何連結在一起，而不是分開的兩大分支。幾何用代數來解釋，而代數用幾何的直觀更容易看出結果與想法。於是笛卡兒把這兩大分支合在一起，把圖形看成點的連續運動後的軌跡，最後點在平面上運動的想法，進入了數學。見圖 8、圖 9、圖 10。

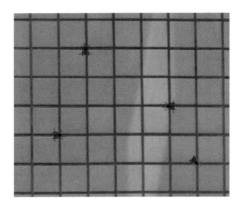

圖7

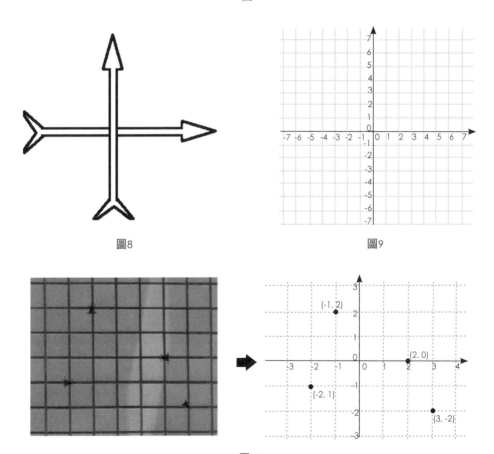

圖8

圖9

圖10

3-6 太極圖是極座標作圖

　　以往作圖方法是給 (x, y) 的座標，在笛卡兒座標系上畫圖。但我們在討論角度的時候，有著另一種作圖方法，稱作極座標作圖 (r, θ)，給長度 r 與角度 θ。這種圖案做出來的圖形是一個繞原點的圖案。以下是電腦程式利用極座標作圖的圖形，見圖 11。愛心的極座標圖：$r=1-\sin\theta$。又稱心臟線。

　　這個圖案又被稱作，笛卡兒的情書。這個流傳的故事內容是，瑞典一個公主熱衷於數學。笛卡兒教導她數學，後來他們喜歡上彼此。然而國王不允許此事，於是將笛卡兒放逐。但他不斷地寫信給她，但都被攔截沒收，一直到第 13 封信，信的內容只有短短的一行：$r=a(1-\sin\theta)$，國王看信後，發現不是情話。而是數學式，於是找來城裡許多人來研究，但都沒人知道是什麼意思。國王就把信交給克麗絲汀。當公主收到信時，很高與他還是在想念她。她立刻動手研究這行字的秘密，沒多久就解出來，是一個心。$r=a(1-\sin\theta)$，意思為你給的 a 有多大，r 就多大，畫出來的愛心就多大，我對你的愛就多大。看更多的極座標圖案，見表 1 同時在中國熟為人知的太極也是極座標的概念，見圖 12，但此圖可能是流傳後畫錯的，並不是畫半圓，我們看看以往的雕刻，見圖 13。很顯而易見的不是半圓。事實上太極是春夏秋冬白天與夜晚比例，以半徑的黑白比例就是白天與夜晚比例，只是到夏至、冬至畫的部分故意對調，可形成點對稱的特殊圖形，見圖 14。否則我們應該是心形，見圖 15，但我們看到心形之後，雖然我們知道他是以半徑為晝夜比例，但看起來的感官是一年之中的黑夜比較多，所以才故意在夏至對調。

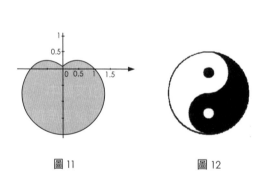

圖 11　　　　　　　　　　　圖 12

圖 13 取自 WIKI。

小博士解說

　　這邊指的白天與夜晚比例，不是24小時，而是會浮動的部分。完整的說：假設夏至的白天是4:30～19:30=15小時、冬至的白天是6:30～17:30=11小時，原文指的白天與夜晚比例就是這4小時的比例變化。

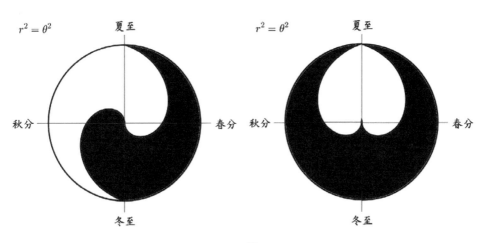

圖 14 圖 15

表1：

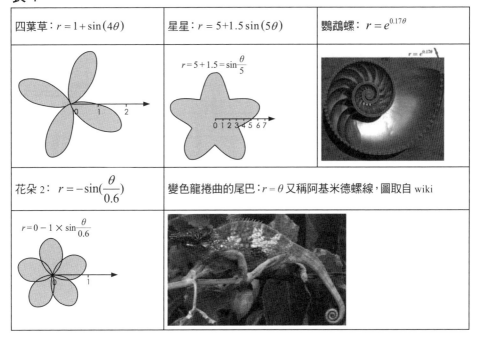

3-7 認識地圖——非洲比你想像的大很多

在 1569 年法蘭提斯的地理學家傑拉杜斯·麥卡托 (Gerardus Mercator) 繪製世界地圖，見圖 16，稱麥卡托投影法，又稱正軸等角圓柱投影，是一種等角的圓柱形地圖投影法。以此方式繪製的世界地圖，長 202 公分、寬 124 公分，經緯線於任何位置皆垂直相交，使世界地圖在一個長方形上，見圖 17。

此地圖可顯示任兩點間的正確方位，航海用途的海圖、航路圖大都以此方式繪製。在該投影中線型比例尺在圖中任意一點周圍都保持不變，從而可以保持大陸輪廓投影後的角度和形狀不變（即等角）；**但麥卡托投影會使面積產生變形，極點的比例甚至達到了無窮大。而靠近赤道的部分又被壓縮的很嚴重。看圖 18 理解原因。**很簡單的可看到高緯度地區被放大，低緯度地區縮小。這不是差一點點，其實非洲比你想像的還要很大，它占了世界將近 30% 的陸地，它可以裝下其他國家。非洲面積比下述國家面積總和還要大：中國、北美洲、印度、歐洲、日本。見圖 19、表 2：各國面積。不要看非洲在地圖上很小，實際上非常大。

國家	中國	美國	印度	墨西哥	祕魯
面積 (1000km²)	9597	9629	3287	1964	1285
國家	法國	西班牙	新幾內亞	瑞典	日本
面積 (1000km²)	633	506	462	441	378
國家	德國	挪威	義大利	紐西蘭	英國
面積 (1000km²)	357	324	301	270	243
國家	尼泊爾	孟加拉	希臘	上述總合	非洲
面積 (1000km²)	147	144	132	30102	30221

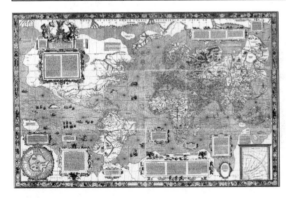

圖16：麥卡托地圖

小博士解說

更早的中世紀時，已有非矩形結構的地圖，但是非洲與歐洲的部分比麥卡托的地圖相對正確，見圖20。

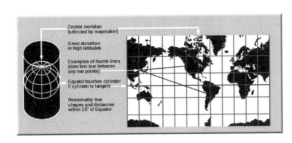

圖17：變形的地圖

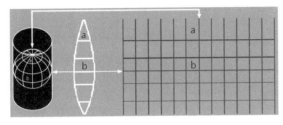

圖18：a被放大，b被縮小

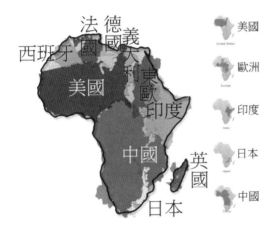

圖19

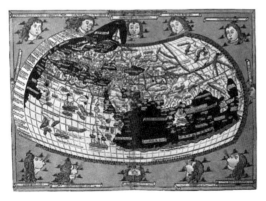

圖20：中世紀歐洲的世界圖像

3-8 **數學與藝術（一）：投影幾何**

　　有關於相似形的應用，不僅僅是在天文上，還有在藝術創作上。我們要如何把看到的東西，完美的呈現在畫作上，就是要利用到相似形的概念，在早期的畫家大多都是數學家，所以才能經物體景象完美而寫實的呈現在畫作上，如：法蘭切斯卡 (Pier Della Francesca)、杜勒 (Durer)。而畫家將此種方法稱做透視原理，也就是投影幾何。接著我們觀察圖 21 至圖 25 就可以知道數學與繪畫息息相關。並且台灣的台南的藍晒圖也是有利用到景深的投影幾何原理來構築線條。

　　有時在路邊看到很立體的地板藝術畫，見圖 25。或是在網路上看到不可思議的視覺幻覺：參考此連結 https://www.youtube.com/watch?feature=player_embedded&v=cUBMQrMS1Pc。其實這些都是相似形的應用。觀察地板藝術完整的實體繪畫過程 http://www.ttvs.cy.edu.tw/kcc/95str/str.htm。原因可觀察圖 26 理解立體的原理。其實街頭立體畫只有在特定角度與距離才能看到立體形狀，而其他位置都會看到不一樣的比例變型。此藝術又稱錯覺藝術。現在也有用此藝術介紹汽車產品的廣告。

　　換句話說，將遠方畫到紙上，是相似形縮小，取截面到紙上。畫立體圖則是相似形放大，地板是截面。

　　「數學是美妙的傑作，宛如畫家或詩人的創作一樣，是思想的綜合；如同顏色或辭彙的綜合一樣，應當具有內在的和諧一致。對於數學概念來說，美是她的第一個試金石；世界上不存在畸形醜陋的數學。」

——哈代 Godfrey Harold Hardy

小博士解說

　學好投影幾何，可以在繪畫上有更真實的表現。

　利用投影幾何的概念，可以將形狀的比例做得更為真實，但仍然必須根據距離把顏色漸層部分，作適當的調整。錯覺藝術更是藝術家利用顏色漸層來模擬距離感的不同來欺騙人的雙眼，或是利用特定角度的借位來造成錯覺，而這些都是投影幾何的利用，在藝術家的世界眼見未必為實。

圖20：法蘭切斯卡(1415~1492) 的畫作「鞭撻」，顯示使用投影技法表現空間感，他寫下數學與透視法的文章，精準的線條透視法是其作品的主要特色。作品背景刻畫十分細緻，光線清晰，真實的空間距離感，構圖勻稱，對當時的繪畫有革命性的影響。

圖21：杜勒(1471 ~ 1528)的木刻：描述透視示意圖

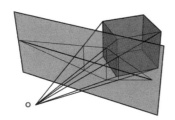
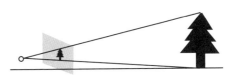

圖22、23：幾何示意圖

圖24：佩魯吉諾(Perugino)的畫作充分運用透視原理，強化空間景深及層次感

圖25：以秦俑坑為背景的大型立體地畫，出處：香港歷史博物館。

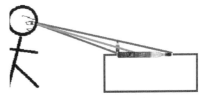

圖26：立體畫的幾何原理示意圖

「沒有大膽的猜想，就做不出偉大的發現。」

艾薩克 · 牛頓 (Isaac Newton)，1643 － 1727，

英國物理學家、數學家、天文學家、哲學家。

「音樂是一種隱藏的算術練習，透過潛意識的心靈跟數目字在打交道」

萊布尼茲 (Gottfried Wilhelm Leibniz)，1646 － 1716，

德國數學家、哲學家。

圖片，在他們翻譯的牛頓著作扉頁圖上，夏特萊侯爵夫人被描繪為伏爾泰的謬思女神，將牛頓在天上的洞見傳遞給伏爾泰。取自WIKI共享，作者：伏爾泰。

第四章
啟蒙時期

4-1 **曲線下與** x **軸之間的面積－積分**

　　什麼是微積分？微積分是由積分與微分組成。什麼是積分？回顧小學計算不規則圖案面積方法，看圖案內有幾個格子，有了數量後，看一格是幾平方公分，這樣就可以知道面積是多少，而很明顯的是格子越大誤差越大，格子越小就誤差越小，由圖 1 可看到切小塊一點可以讓誤差變少。

　　將曲線放在平面座標上，要計算**面積**，完整說法是**曲線與** x **軸之間的面積**，只要計算曲線經過方塊加上曲線內方塊，就是面積。而這些方塊的算法很簡單，利用長方形幫助計算，曲線之中選範圍內最高點，再將各個長方形面積加起來，見圖 2。不可避免的會發現面積多算，見圖 3。那要如何避免誤差或是降低誤差？當越切越多份，多算的部分，就會變少，意味誤差越來越小。因為曲線可以表示為函數，所以能讓計算更加方便，獲得更接近真實面積的答案。長方條的總面積比曲線下面積大，稱為**上和**。

　　同理將圖形切成很多長條，曲線之中選範圍內最低點，得到長方條的長度，再計算面積，見圖 4。圖 5 為少算的部分，當越切越多份，由圖可知少算的部分，就會變少，意味誤差越來越小。因曲線表示為函數，能讓計算更加方便，獲得更接近真實面積的答案。長方條的總面積比曲線下面積小，稱為**下和**。

　　然而誤差再小也是有誤差的存在，那要如何來解決？ 如同阿基米德的想法，作出兩種面積計算方式：

　　1. 長方條的總面積比曲線下面積大，稱為上和。
　　2. 長方條的總面積比曲線下面積小，稱為下和。

　　曲線下面積會被夾上和、下和中間，見圖 6。如果切很多條導致上和、下和非常接近，則**曲線下與** x **軸之間的面積** 會接近某一個數字，這數字正是要計算的面積。在微積分上，計算某範圍的曲線下與 x 軸之間的面積，稱做積分。

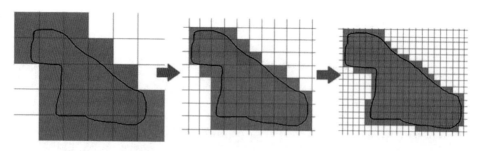

21 格 1 公分的正方形
=21×1×1
=21 平方公分

53 格 0.5 公分的正方形
=53×0.5×0.5
=13.25 平方公分

187 格 0.25 公分的正方形
=187×0.25×0.25
=11.6875 平方公分

圖1

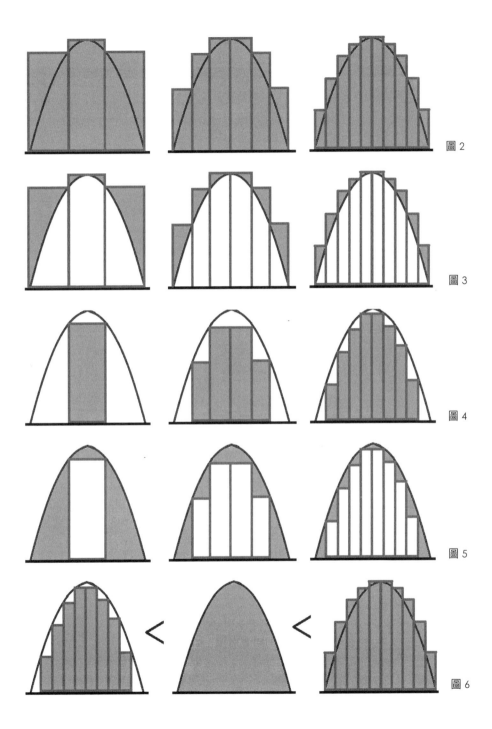

圖 2

圖 3

圖 4

圖 5

圖 6

4-2 **曲線上該點斜率──**微分

什麼是微積分？微積分是由積分與微分組成。什麼是微分？希臘時期，已經了解曲線上該點的斜率，就是放一根棍子在曲線上，只碰到一點，而棍子斜率就是該點斜率，圖 7 意義就是切線。為什麼要選切線，因為割線有太多情況，不能代表該點斜率，見圖 8 至圖 10。而切線可以代表人站在那邊的傾斜度，也就是斜率，見圖 11。但曲線上的該點切線斜率，要怎麼計算？計算 B 點在 A 點右側的割線斜率，見圖 12。由圖 12 中可知割線斜率，不管割線怎麼移動，B 點越靠近 A 點時，割線斜率越接近 0.5。看表 1 了解各位置的斜率。Δx：A 與 B 的 x 座標值相減。計算 B 點在 A 點右側的割線斜率，可發現割線斜率不斷向 0.5 靠近，但比 0.5 大，記作：0.5 ＋微小的數。由圖 13 中可知割線斜率，不管割線怎麼移動，B 點越靠近 A 點時，割線斜率越接近 0.5。看表 2 了解各位置的斜率。計算 B 點在 A 點左側的割線斜率。可以發現割線斜率不斷向 0.5 靠近，但比 0.5 小，記作：0.5 －微小的數。

故　　B 點在 A 點左側的割線斜率 ≤ A 點切線斜率 ≤ B 點在 A 點右側的割線斜率

　　　0.5 －微小的數　　　　≤ A 點切線斜率 ≤　　　0.5 ＋微小的數

所以 0.5 以外的數字都是割線斜率，故 A 點切線斜率就只能是 0.5。

費馬 (Fermat) 計算曲線上 A 點的斜率，找非常靠近 A 點的 B 點，計算兩點割線斜率極限，該極限值就是 A 點切線斜率。記作：A 點的斜率 $= \lim_{h \to 0} \dfrac{f(a+h) - f(a)}{h}$，見圖 14。在微積分上計算該點的斜率值，稱作對該點微分。

圖7

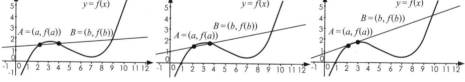

圖8、9、10

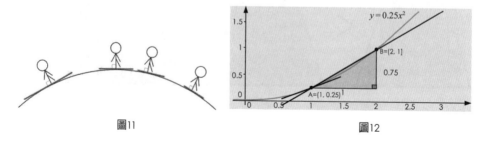

圖11　　　　　　　　　　圖12

表 1

B 點在 A 點右側的 Δx 距離	割線斜率
0.1	0.525000000
0.001	0.500249999
0.00001	0.500002500
0.0000001	0.500000025

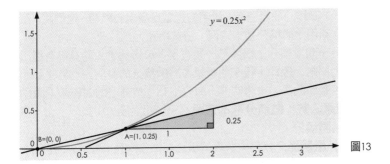

圖13

表 2

B 點在 A 點左側的 Δx 距離	割線斜率
0.1	0.475000000
0.001	0.499749999
0.00001	0.499997499
0.0000001	0.499999975

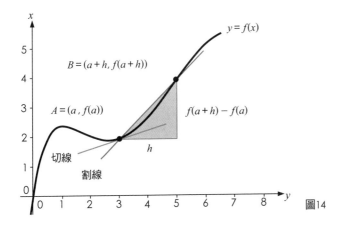

圖14

4-3 **為什麼稱做微積分**

「在一個滑稽可笑和過度簡化的情況下，微積分的發明有時被歸功於兩個人，牛頓 (Newton) 與萊布尼茲。其實微積分是一個經過長時間演化過來的產物，它的創始與完成都不是出自牛頓與萊布尼茲之手，只不過在過程中兩人都扮演具有決定性的角色。

—賀伯特 ・ 羅賓斯 (Herbert Robbins)。

　　牛頓和萊布尼茲，他們不是微積分的發明者，他們的貢獻是發現和證明。他們將「微分」和「積分」，兩個概念利用「微積分基本定理」將其串連。

　　法國數學家費馬對「微分」和「積分」提供了一些答案。可惜的是，他並沒有提出「微分」和「積分」之間的關聯。因此，後來的數學家將微積分的發明歸功於牛頓和萊布尼茲上，他們清楚地用數學的語言來證明，「微分」和「積分」的關係是**原函數積分後，再微分就變回原函數：微積分基本定理**。自此之後，「微分」和「積分」不再是兩個學問，稱為**微積分**。

　　微分與積分，兩者間有什麼關係？我們由費馬的積分與微分內容，可知 x^p 的積分，如：$\int_0^x u^p \ du = \dfrac{x^{p+1}}{p+1}$ 及 $\int_a^x u^p \ du = \dfrac{x^{p+1}}{p+1} - \dfrac{a^{p+1}}{p+1}$，以及 x^p 的微分，如：$(x^p)' = px^{p-1}$，而積分與微分似乎有關係，$x^p \xrightarrow{\text{積分}} \dfrac{1}{p+1}x^{p+1} \xrightarrow{\text{微分}} x^p$。

　　參考以下例題。　例題 1：0 到 x 的積分，$x^2 \xrightarrow{\text{積分}} \dfrac{1}{3}x^3 \xrightarrow{\text{微分}} x^2$

　　　　　　　　　例題 2：1 到 x 的積分，$x^2 \xrightarrow{\text{積分}} \dfrac{1}{3}x^3 - \dfrac{1}{3} \times 1^3 \xrightarrow{\text{微分}} x^2$

　　　　　　　　　例題 3：a 到 x 的積分，$x^2 \xrightarrow{\text{積分}} \dfrac{1}{3}x^3 - \dfrac{1}{3}a^3 \xrightarrow{\text{微分}} x^2$

可發現導函數 x^2 的原函數不只一個，是 $\dfrac{1}{3}x^3$ 加上一個常數。故積分後函數以 $\dfrac{1}{3}x^3 + c$ 來描述才正確，c 值隨起點 a 改變。同時導函數是 x^2，其原函數是 $\dfrac{1}{3}x^3 + c$，就定義為反導函數。也就是 $\underbrace{\dfrac{1}{3}x^3 + c}_{\text{反導函數}} \xrightarrow{\text{微分}} \underset{\text{導函數}}{x^2}$。

階段性結論：研究費馬的微分與積分結果，可以發現 $f(x) = x^2$ 的微分與積分具有互逆現象，記作：$F'(x) = f(x)$。並建造微分與積分關係模形，並且從 a 到 x 積分得到的反導函數，需要加上常數 c。而事實上 $f(x) = x^p$ 的函數都具有此性質。更甚至**其他函數，也具有這樣的性質。**此性質稱作微積分基本定理

微積分基本定理：微分與積分，互為逆運算性質，$f(x) \underset{\text{微分}}{\overset{\text{積分}}{\rightleftarrows}} F(x)$。

若 $F(x) = \int_a^x f(u) \ du$，則 $F'(x) = f(x)$。

而這個性質的原理是什麼？ 微積分基本定理的直覺圖解說明

由以下的圖片流程了解，可以知道微積分基本定理的正確性。已知 $F(x) = \int_a^x f(u)\ du$，

是計算 a 到 x 曲線下之間的面積。對 $F(x)$ 微分，$F'(x) = \lim_{h \to 0} \dfrac{F(x+h) - F(x)}{h}$，觀察圖 15。

左圖：$F(x) = \int_a^x f(u)\ du$（著色部分） 右圖：$F(x+h) = \int_a^{x+h} f(t)dt$（著色部分）

所以 $F(x+h) - F(x)$ 的圖案為長條的面積，見圖 16。

求微分是 $F'(x) = \lim_{h \to 0} \dfrac{F(x+h) - F(x)}{h}$，也就是長條面積除以 h，答案會是多少？

長條面積應該在下圖兩個長方形之間，見圖 17

各長條面積是　　$f(x) \times h$ 、 $F(x+h) - F(x)$ 、 $f(x+h) \times h$
大小關係式為　　$f(x) \times h \leq F(x+h) - F(x) \leq f(x+h) \times h$

而我們要求的是 $F'(x) = \lim_{h \to 0} \dfrac{F(x+h) - F(x)}{h}$

將上述關係式同除以 h，得到 $f(x) \leq \dfrac{F(x+h) - F(x)}{h} \leq f(x+h)$

當 h 趨近 0，可以得到 $f(x) \leq F'(x) \leq f(x)$，
因夾擠定理，所以 $F'(x) = f(x)$。

結論：只要能積分的函數，再微分，都能變成原函數。

微積分的發明歸功於牛頓和萊布尼茲上，正是他們清楚地用數學的語言來證明，「微分」和「積分」的關係是「**原函數積分後，再微分就變回原函數：微積分基本定理**」。自此之後，「微分」和「積分」不再是兩個學問，稱為**微積分**。

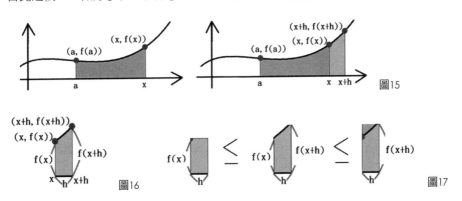

圖15

圖16

圖17

4-4 **第二個重要的無理數:尤拉數e**

在數學史中,整數是數字最根本的物件,或可稱為最根本的元素,其他都是由人類所賦與意義,如:0、負數,延伸出分數、指數、根號、對數、虛數等等,同時在希臘時代,就已經發現一個不是人所製造的數-圓周率 π,它是一個被計算出來的近似值,而且它還是一個無理數,在圓形中必然存在的一個神奇的數字。而尤拉數 e 則是另一個被發現非常神奇的無理數。

何謂尤拉數?第一次把此數看為常數的人,是雅各布・伯努利 (Jacob Bernoulli):「嘗試去計算一個有趣的銀行複利問題,當銀行年利率固定時,把期數增加,而相對的每期利率就變少,如果期數變到無限大的時候,會產生怎樣的結果?」見表3,假設:本金= a,本利和= S,年利率1.2%,而複利公式:

本利和=本金(1 +利率)^{期數},期數與利率關係:利率= $\dfrac{年利率}{期數}$

可以發現在年利率1.2%的情況下,期數在非常大的時候,存款都只會接近原本1.012 078 倍,也就是存 100 萬元,本利和是 1012078 元。雅各布發現複利的特殊性,當年利率固定時,分的期數再多,最後都會逼近同一個數值,見表4。

雅各布思考「年利率」與「無限多期的本利和」兩者間的關係,發現到 $\lim\limits_{n\to\infty}(1+\dfrac{1}{n})^n$ 的結果是 $\lim\limits_{n\to\infty}(1+\dfrac{1}{n})^n = \dfrac{1}{0!}+\dfrac{1}{1!}+\dfrac{1}{2!}+\cdots = 2.71828\ 459045\ 235\ 36$,見圖 18。

這特別的數字稱呼為尤拉數 (Euler number),符號是 e,以瑞士數學家尤拉之名命名,肯定他在對數上的貢獻;或稱納皮爾常數,記念蘇格蘭數學家約翰・納皮爾引進對數。

尤拉數 e 的性質: $e = \lim\limits_{n\to\infty}(1+\dfrac{1}{n})^n = \dfrac{1}{0!}+\dfrac{1}{1!}+\dfrac{1}{2!}+\cdots = 2.71828\ 459045\ 235\ 36\cdots$

尤拉數的重要性:
沒有尤拉數,將無法計算指數與對數的微分,微積分進步的腳步將會延後。

小博士 解說

e^x 可象徵愛情:「數學系學生用『e^x』來比喻至死不逾堅定不移的愛情。」

原因:微分是斜率變化,不管微分(變化)多少次,結果永遠不變,都是 e^x。

e^x 的笑話:在精神病院裡,每個病患都學過微積分。有個病患整天對人說,「我微分你、我微分你」,其他人以為自己是多項式函數,會被微分多次後變零,最後消失,所以都躲著他。有天來了新的病患,都不怕被微分,他很意外,問他說你為什麼不怕,新來的說:「我是 e^x,我不怕你微分」。

數學上已經證明 e^x 是唯一微分後不變的函數。

表 3

期數／多久複利一次	本利和	是原來的幾倍
1/ 一年一期	$S = a(1+\frac{1.2\%}{1})^1$	1.012
2/ 半年一期	$S = a(1+\frac{1.2\%}{2})^2$	1.012 036
4/ 一季一期	$S = a(1+\frac{1.2\%}{4})^4$	1.012 054
12/ 一月一期	$S = a(1+\frac{1.2\%}{12})^{12}$	1.012 066
365/ 一天一期	$S = a(1+\frac{1.2\%}{365})^{365}$	1.012 072
無限多期 極微小的時間	$S = \lim_{n \to \infty} a(1+\frac{1.2\%}{n})^n$	1.012 078

表 4

年利率	本利和
10%	$S = \lim_{n \to \infty} a(1+\frac{10\%}{n})^n \approx 1.10515$
20%	$S = \lim_{n \to \infty} a(1+\frac{20\%}{n})^n \approx 1.22137$
30%	$S = \lim_{n \to \infty} a(1+\frac{30\%}{n})^n \approx 1.34981$
40%	$S = \lim_{n \to \infty} a(1+\frac{40\%}{n})^n \approx 1.49176$
50%	$S = \lim_{n \to \infty} a(1+\frac{50\%}{n})^n \approx 1.64863$
100%	$S = \lim_{n \to \infty} a(1+\frac{100\%}{n})^n \approx 2.718$

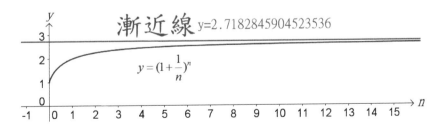

圖18

4-5 圓錐曲線（二）：拋物線II

　　拋物線顧名思義，拋出物體的行進路線。希臘時期圓錐曲線 Parabola 並沒有與拋物線被聯想再一起。那拋物線的圖形是什麼？一段圓弧嗎，感覺又不像，又好像是橢圓的曲線，可是又不確定。那麼拋物線到底是怎樣的圖形？見圖 19。

亞里斯多德 (Aristotle) 對拋物線的看法：拋出的物體路線，見圖 20。

　　第一階段：認為是直線，45 度斜向上。

　　第二階段：認為是向上到了頂點，四分之一圓弧向下掉落。

　　第三階段：認為物體是受原本性質影響，開始垂直往下掉落。

　　並且**亞里斯多德認為**物體受原本性質影響？亞里斯多德認為石頭會往下掉，因為它從土裡面產生，是有重量的東西，所以丟出去會想回到地面，所以會掉落，而不是一路飛出去。並且認為重的掉落的比輕的快，重的回到地面時間較短。空氣或是火燄是輕飄飄的物質，喜歡往上飄。

　　但到伽利略的時代，伽利略對掉落看法改變，認為拋物線不是亞里斯多德所敘述的樣子。伽利略的猜測拋物線可拆成兩個部分，1. 水平的移動；2. 向下的加速移動，自由落體運動。並且提出一磅跟兩磅掉落時間一樣。最後經實驗證明伽利略是第一個準確提出物體運動規則的人。

伽利略的實驗：伽利略用物理方式來測量，做一個斜面儀器，上面不同的位置放鈴鐺，球經過後鈴鐺發出聲音，記錄聲音的時間，有沒有因球的重量改變而不同。鈴鐺的位置經過調整後，任何重量的球滾動每一段距離，都是相距一秒。見圖 21。

實驗結果：重量不同的求沒有導致落地時間不同，但卻意外發現時間與距離的關係。距離與時間平方成正比。經過很多人的計算**公式模型**：$y = 4.9t^2$。

伽利略認為拋物線是水平與垂直組成，垂直部分已確定移動方式：$y = 4.9t^2$；水平不確定會不會影響時間，所以也做了水平的實驗。在同一高度測試 4 種情況的掉落時間，見圖 22。

　　i　　　無水平力量

　　ii　　　輕推

　　iii　　　略用力推

　　iv　　　用力推

發現用不用力，落地時間都一樣，所以水平運動，
不影響掉落時間。水平的力量只影響水平距離。

　　伽利略接下來觀察，丟向上的拋物線痕跡，拋物線路線並不是亞里斯多得所說是直線、畫 $\frac{1}{4}$ 圓弧、再直線掉落。而是一個很平滑的曲線路線沒有轉折角，圖案與一元二次方程式一樣，見圖 23。

結論

伽利略認為物體的運動：

1. 物體的移動需要水平速度、重力加速度，不需要其他的本性的影響。
2. 水平速度是固定的數字，水平距離就是水平速度乘上時間。
3. 垂直方向受重力加速度影響，垂直距離與時間平方成正比，$y = 4.9t^2$。

拋物線的現代應用：

時下有名的憤怒鳥就是利用拋物線原理，來加以製做遊戲。以及多項球類運動，其實都有拋物線的影子在內，同時戰爭坦克車也要精準計算出拋物線的落點位置，才能打中敵人。

圖19：砲彈的軌跡路線

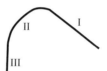

圖20

伽利略所做的斜面用具

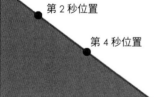

時間	距離
0	0
1	1
2	4
3	9
4	16
5	25

圖21

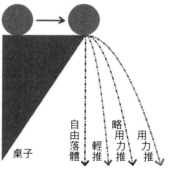

圖22

圖23

4-6 圓椎曲線（三）：橢圓I

　　認識拋物線後，來認識橢圓型的藝術建築：**聖彼得廣場** (St. Peter's Square)。聖彼得廣場位於梵蒂岡，緊連著聖彼得大教堂 (St. Peter's Basilica)，是教廷指標性的建築，同時聖彼得廣場是一個完美的橢圓形，由貝里尼在 1667 年設計，這廣場隱藏著許多的故事。**為什麼要貝里尼** (Bellini) **用橢圓形？**教廷原本認為所有的星體繞地球轉（地心論）。但哥白尼 (Copernicus) 不這麼認為，他認為是地球與其他星體繞太陽轉才對；經過許多數學家，如：伽利略、克普勒 (Kepler) 等數學家，計算推測出的確是地球繞太陽轉，並且是橢圓形，更甚至作出公式。隨後啟發牛頓作出三大定律，所以橢圓形是一個具有特殊意義的圖案，貝里尼可能是因為橢圓形的特殊性，故將廣場作成橢圓形。但對外說法是，連同聖彼得大教堂看作一體，就像神的懷抱一般，見圖 24 至圖 27。或可參考此影片連結：https://www.youtube.com/watch?v=ig-FJceloY4

　　廣場內部的特殊用意，廣場中間的方尖塔本是埃及的日晷，被擺在橢圓中心，並畫上圓形，可以依據影子的角度位置，來推論現在的時間，見圖 28。同時廣場的開口的角度也是經過精心設計，它是根據當地的夏至冬至日初角度變化來設計開口角度，而噴水池是在兩焦點上見圖 29。

　　空中俯瞰圖：橢圓形焦點具有聲波放大效果，該處設置噴水池會使聽起更為盛大，獨具匠心。最令人意外的是橢圓這個形狀，在當時沒有座標的觀念，也就沒有解析幾何的作法，要作出橢圓是不容易的，但卻作出如此完美的橢圓形，實在令人驚艷。貝里尼參考設計巨擘 (Serlio) 的畫法，來完成想要的圖形，當然我們可以看到這圖案只是接近橢圓，但這已經夠接近橢圓了，見圖 30 至圖 32，而這些畫法的圖案稱作卵圓形 (oval)，因為在那時橢圓這一詞，還不被大眾理解與接受。

小博士解說

　　我們常見的操場，是兩個半圓形加長方形，並不是橢圓型。但我們的橄欖球、餅乾盒蓋，常用橢圓形的形狀。並且在運動器具的研究與推進，希望更符合人體工學，現在的健身器材：飛輪不再是以往的圓形軌道，而是橢圓形軌道，這台運動器具稱為**飛輪橢圓機**，可參考以下連結：http://www.chanson.com.tw/productsInfo.php?id=164&c=1&p=1，所以橢圓形在生活上是非常重要的。

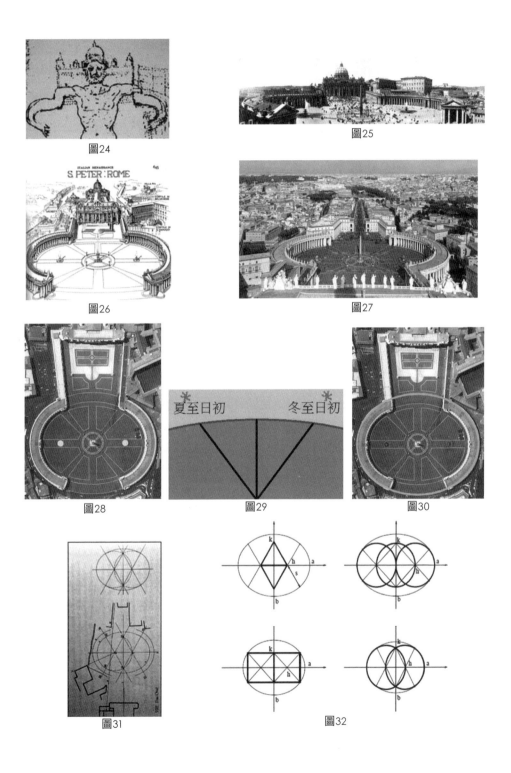

圖24

圖25

圖26

圖27

圖28

夏至日初　　　冬至日初

圖29

圖30

圖31

圖32

4-7 **圓椎曲線（四）：橢圓II**

認識更多的橢圓型的藝術建築：**美國白宮會議廳** (Oval office)，見圖 33。橢圓形各長度：長軸 10.9m，短軸 8.8m。照片拍攝角度問題不能俯瞰全景。但仍能看出是橢圓。美國總統在焦點上可清楚的聽到聲音。特別的是，白宮有相當多的橢圓形設計。**美國白宮會議廳名稱**是蛋形（卵圓形）會議廳 (Oval office)，而不是橢圓形會議廳 (Ellipse office)。難道雞蛋是橢圓形嗎？見圖 34。命名雞蛋形也相當令人無法理解呢。

那雞蛋應該歸類到什麼形狀？蛋的形狀被稱為卵圓形。我們用黃金比例三角形（36、72、72 度）的三頂點為焦點，各橢圓短軸都為此等腰三角形底的一半，所作的三橢圓聯集幾乎與雞蛋吻合，見圖 35，這是相當有趣的發現。

實際上我們可以觀察更多生物的蛋，見圖 36 至圖 39，我們可以發現更多的奧妙。我們可以發現有些卵，看起來真的是橢圓形，有些則是圓形，有些則為雞蛋般一頭大一頭小，我們思考那些產地與蛋的關係，魚蛋類大多為圓形，猜測是因為水壓導致均衡受力，所以呈現圓形。而雞蛋可能是出來時受到地面影響，導致先接觸的地方變大，所以一頭大一頭小。鴕鳥蛋是在沙地地區，鱷魚蛋在沼澤泥地，但出來時比較不會受地面壓迫變成一頭大一頭小。或可參考此影片連結：https://www.youtube.com/watch?v=H_9tB-LWUkE。

橢圓在生活上的應用

聲波的應用：

巨蛋或是音樂廳，將演奏的位置擺在其中一焦點上，聲波經由反彈後會傳到另外一個焦點，這一點可以聽得最清楚的一點。也許世界上會有奇特的橢圓型山洞景點，在兩個焦點的位置說話，兩人都面對山壁，一人輕聲說話，另一人也能聽得很清楚。

醫療：

體外震波碎石，類似聲波一樣，一個橢圓半碗的機器中，在焦點的位置振動，經反彈後，會聚焦到體內另外一個焦點，而藉由移動讓結石在焦點上，達到被打碎的結果。這有什麼好處，因為各個波動的前進路線不同，不會給身體太大負擔。

否則像雷射光一樣的路線，也是可以打碎結石，但路線太過密集，會導致路線上的細胞組織壞死，所以用橢圓型將路線通過身體時，截面積變大。可參考此連結得示意圖：http://www.geocities.ws/lifepeople/dir5/aam028.htm。

天文：

克普勒發現天體的運行是橢圓形軌道，而不是原本說的圓形，也不是繞著地球轉，而是繞著太陽轉，見圖 40。

小博士 **解說**

在中世紀歐洲人認為地是平的，世界是以地球為中心，見圖41，一直到哥白尼(Copernicus)提出世界是繞太陽轉：日心論，而非地心論，哥白尼認為上帝創造這個世界不會用那麼複雜的方式創造世界，用太陽為中心就可以簡化各行星的軌道方程式。見圖42。而後伽利略觀測星象與計算，證實日心論。並經計算後發現海王星，而且海王星是唯一先計算出現時間再觀察到的行星。因為數學家、天文學家的貢獻，使得大眾接受新的世界觀。

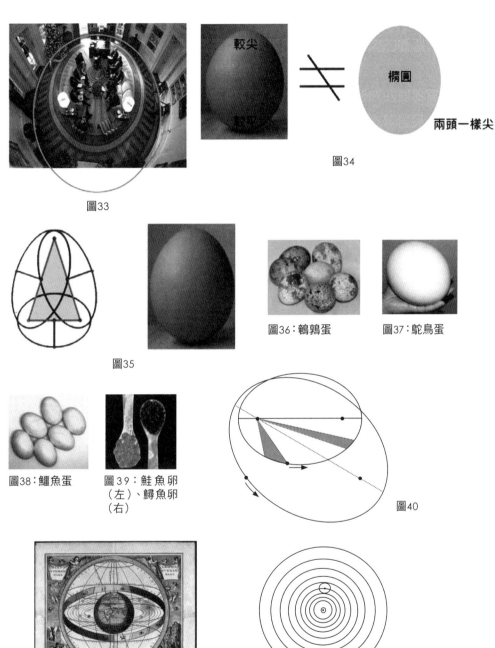

圖33

較尖

≠

橢圓

兩頭一樣尖

圖34

圖35

圖36：鵪鶉蛋

圖37：鴕鳥蛋

圖38：鱷魚蛋

圖39：鮭魚卵（左）、鱒魚卵（右）

圖40

圖41：古希臘托勒密(Ptolemy)地心說示意圖

圖42：哥白尼日心說示意圖

4-8 **圓椎曲線（五）：雙曲線**

　　認識更多的圓錐曲線：雙曲線的生活應用。雙曲線可以製作透鏡。1608 年荷蘭的眼鏡店的利伯希 (Hans Lippershey)，為檢查透鏡質量，拿兩塊透鏡做比較，無意間發現遠方景像拉近，發現了兩透鏡的秘密。同年他替望遠鏡申請專利，並造了一個雙筒望遠鏡。

　　另一說法是他的孩子與別人在玩時，發現一塊鏡片能把眼前的東西變得很大，於是思考兩塊鏡片是不是可以變更大，他們把幾塊鏡片重疊、調整兩鏡片距離，進行實驗。果然看過去的圖案模糊起來，但是看向遠方卻非常清楚，它們發現到他們把很遠的景像放大到眼前。所以不久後發明望遠鏡。

　　伽利略得知方法後，也自製一個望遠鏡。伽利略用自製的望遠鏡（參考圖 43）觀察夜空，第一個發現了月球表面高低不平，覆蓋著山脈並有火山口的裂痕。此後又發現了木星的 4 個衛星、太陽的黑子運動，並作出了太陽在轉動的結論。並且提出太陽中心論，地球繞太陽轉，但還是被當作是宗教異端。因此科技的歷史又被延遲了。

　　同時德國天文學家克普勒也研究望遠鏡，圖 44。他請沙伊納做 8 台望遠鏡觀察太陽，無論哪一台都能看到相同形狀的太陽黑子。因此打消黑子可能是透鏡上的塵埃，證明了黑子確實是觀察到的真實存在。在觀察太陽時沙伊納裝上特殊遮光玻璃，伽利略則沒有加此保護裝置，結果傷了眼睛。除此之外還有更多的雙曲線應用，見圖 45 至圖 48。

小博士解說

　　雙曲線的命名，顧名思義是兩條曲線，但其實兩條曲線的方程式很多，用雙曲線來特指截上下圓錐的截面曲線似乎不夠明確。如同拋物線是截上或下圓錐的某一部分的截面曲線，但卻與生活拋出物體路線的名稱相同，在不同情況下卻有一樣的名稱，這是容易混亂的，但拋物線經驗證之後的確吻合，所以使用上沒問題。但雙曲線的直觀感覺太廣，或許稱截上下圓錐的曲線來的更直觀。

圖43

圖44

圖45：取自WIKI，CC3.0
台中德基水庫。德基水庫是台灣第一座
由混凝土為材料所構成的雙曲線薄型拱
壩。

圖46：取自WIKI
冷卻塔。英格蘭劍橋郡的冷卻塔，發電廠的冷卻塔
結構都是單葉雙曲面形狀。它可以用直的鋼樑建
造。這樣既可減少風的阻力，又可以用最少的材料
來維持結構的完整。

圖47、48：取自WIKI：東海大學的路思義教堂。
路思義教堂是貝聿銘：Ieoh Ming Pei設計。西方的教堂到現代逐漸被簡化為三角形。
台灣多地震，最後決定採用雙曲面的薄殼建築可有效對抗風力與地震。

4-9 **圓椎曲線（六）：如何繪畫圓椎曲線**

已知**圓椎曲線**的藝術與應用，接著認識**如何在平面上製作不同的圓椎曲線**。

圓：利用圓規，取一個半徑再畫一圈。圓方程式：$x^2 + y^2 = r^2$。r 為半徑。

拋物線：根據定義來作，拋物線可找到一條準線，並且有一個焦點，拋物線的曲線，每一點到準線的距離與到焦點的距離相同，見圖 49。**拋物線**方程式：$y^2 = 4cx$，拋物線的作法請參考聯結。

橢圓：根據定義來作，橢圓有兩個焦點，橢圓的曲線，每一點 到兩焦點的距離**和** 相同，見圖 50。橢圓方程式：$\dfrac{x^2}{a^2} + \dfrac{y^2}{b^2} = 1$。橢圓的作法請參考聯結。

雙曲線：根據定義來作，雙曲線有兩個焦點，雙曲線的曲線，每一點到兩焦點的距離**差**相同，見圖 51。雙曲線方程式：$\dfrac{x^2}{a^2} - \dfrac{y^2}{b^2} = 1$。雙曲線的作法請參考聯結。

拋物線作法

同心圓作法影片，https://www.youtube.com/watch?v=d3MrSGWW3Hk

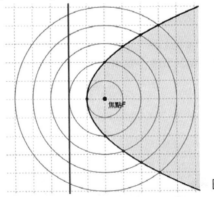

焦點 F

圖49

或是描出每一點在連線，可參考此連結的動畫：包絡線畫法：
http://www.uuulearn.com.tw/vhs/upload/course/i357/i357_0105_01.swf
木匠用丁字尺畫法
http://web.ntnu.edu.tw/~696080204/conic1/index.php?post=A1259944535

橢圓的做法

同心圓作法影片，影片為每一點到兩焦點的距離和 =8，https://www.youtube.com/watch?v=BwRamMORfsI

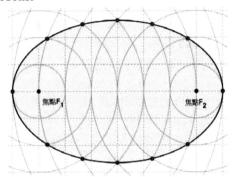

圖50

木匠法，一條繩子把在兩焦點上，用筆繞一圈是橢圓形。可參考此連結的動畫：http://web.ntnu.edu.tw/~696080204/conic1/index.php?post=A1261044414

雙曲線的做法：

同心圓作法影片，影片為每一點到兩焦點的距離差 =4：https://www.youtube.com/watch?v=jqoy8kuwTNU

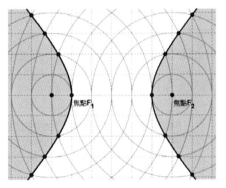

圖51

木匠法，描出每一點在連線，也可參考此連結的動畫：等軸雙曲線 (漸進線垂直) 的畫法：http://www.uuulearn.com.tw/vhs/upload/course/i357/i357_0103_01.swf
任意雙曲線畫法：http://commons.wikimedia.org/wiki/File:Hyperbola_construction_-_parallelogram_method.gif

4-10 **特殊的曲線（一）：懸鍊線**

　　繩子的自然垂放曲線在伽利略時期 (1564~1642) 原本以為是拋物線，但經研究後發現不能吻合拋物線，他提出此種曲線接近拋物線，但不是拋物線，它是一種新的曲線，被稱做：懸鏈線 (Catenary)。懸鏈線不是拋物線由約阿西姆 (Jungius：1587-1657) 證明，但其結果卻在 1669 出版。而懸鏈線被許多數學家研究，但卻一直沒有正確的答案，連偉大的笛卡兒都沒有給出適當的方程式來描述懸鏈線。

　　在 1671 年胡克 (Hooke) 發現很多的古老的拱門，接近懸鏈線。於是思考拱門為什麼要這樣設計？首先拱門的設計是一代代嘗試錯誤慢慢摸索出的曲線，雖然沒有到達最完美，但拱門必定是符合數學與力學的方程式，那如果拱門的設計會接近懸鏈線，那也代表懸鏈線方程式與力學有關。

　　在 1691 年萊布尼茲、惠更斯、約翰‧白努利接受雅各布‧白努利的挑戰，去計算懸鏈線方程式，這個時代的人有更多的數學工具來計算懸鏈線，如：尤拉數、平面座標，最後在 1697 年戴維‧格雷戈里才發表懸鏈線的論文，數學史上才得到懸鍊線

方程式為：　$y = \dfrac{e^x + e^{-x}}{2}$ 。

　　懸鍊線被用在建築和工程，使力量不會產生彎曲力矩，使得建築可以更耐用，所以數學的確與文化息息相關。接著來看生活中懸鍊線的圖案，見圖 53~58。

小博士解說

　　尤拉數也在懸鍊線的方程式出現，所以尤拉數的確在人類的發展史中，是舉足輕重的無理數。

圖53：取自WIKI
配戴的項鍊。

圖54：取自WIKI
布從頂端到四根柱子的自然下垂圖案，是懸鍊線的一半。

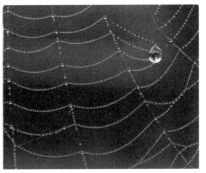

圖55、56取自WIKI
蜘蛛網與鍊條,都是常見的懸鍊線。

圖57:取自WIKI
聖路易拱門(St. Louis Arch),以反過來的懸鍊線來設計。

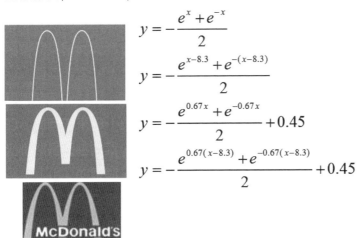

$$y = -\frac{e^x + e^{-x}}{2}$$

$$y = -\frac{e^{x-8.3} + e^{-(x-8.3)}}{2}$$

$$y = -\frac{e^{0.67x} + e^{-0.67x}}{2} + 0.45$$

$$y = -\frac{e^{0.67(x-8.3)} + e^{-0.67(x-8.3)}}{2} + 0.45$$

圖58:我們一直熟悉的麥當勞,也長得很像懸鍊線的組合。

可參考影片觀察一連串的變化:https://www.youtube.com/watch?v=9MxU5JVERYM

4-11 **特殊的曲線（二）：等時降線與最速降線**

等時降線 Tautochrone curve

一般人會認為在一條曲線上，向下滑落到底部的時候，越高的位置就應該要越久，但在自然世界並不是如此，越傾斜的地方加速度會越大，所以有一條神奇的曲線，曲線上任意高度的質點，使其受重力自由下滑（不計阻力）到最低點所需的時間皆相等，此線稱：等時降線 (tautochrone curve) 見圖 59，或參考此動態連結：http://en.wikipedia.org/wiki/Tautochrone_curve#mediaviewer/File:Tautochrone_curve.gif。也可參考真實的曲線影片：https://www.youtube.com/watch?feature=player_embedded&v=Bh6-zKwTupc#t=10。

此線最早由惠更斯 (Huygens) 研究旋轉線某點的特性時，發現此線有等時降落的特性。見圖 60。也可參考聯結 https://www.youtube.com/watch?v=wcMpekM ktus&feature =youtu.be，觀察旋轉線。在 1673 年利用幾何證明等時降線為擺線。這曲線在生活中很多地方都不斷的發生，如老鷹的抓獵物的降落曲線，屋簷的曲線設計，齒輪的曲線。

最速降線 Brachistochrone

這問題也被稱最速降線問題，又稱最短時間問題、最速落徑問題。問題的內容是：在受重力及不計阻力的情況下，初速為零的一質點，從 A 點到 B 點，其中 A 高度比 B 高度高，從 A 點到 B 點最快到達的線是什麼？很直覺得會認為是直線，見圖 61。

但因為有受重力影響不是直線。在 16 世紀開始很多數學家都在研究到底是什麼的線，數學家有伽利略、牛頓、萊布尼茲、洛必達 (L'hospital) 等等。在 1638 伽利略認為此線是圓弧，但實際上不是。到了 1696 約翰‧伯努利，利用微積分與等時降線証明此線是擺線，見圖 62。以及艾薩克‧牛頓、雅各布‧伯努利、萊布尼茲和洛必達也都得出同一結論：最速降線的答案應該是擺線。但事實上，約翰‧伯努利的證明方法是錯誤的，他哥哥雅各布‧伯努利才是正確的證法，兩兄弟也因此爭吵導致反目。

而這些曲線有什麼功用？我們生活中很多地方都會利用到，如：齒輪的設計可以降低磨損。或是如果有溜滑梯或是滑水道以這樣的曲線來設計，那麼一定會讓人感到驚豔。或是溜滑板的 U 型坡道等時降線設計，不管何處下滑，大家都會同一時間到達底部，形成一個特殊的現象。並且遊樂園中玩雲霄飛車的人會去追求速度的感覺，老闆一定最希望在最小的空間內達到越快的速度讓客人感到刺激，才能帶來客群，那麼最速降線就會是它得最好選擇，但仍然要注意安全。所以認識數學也是可以替生活帶來許多樂趣。

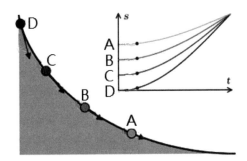

圖59：取自WIKI，CC3.0

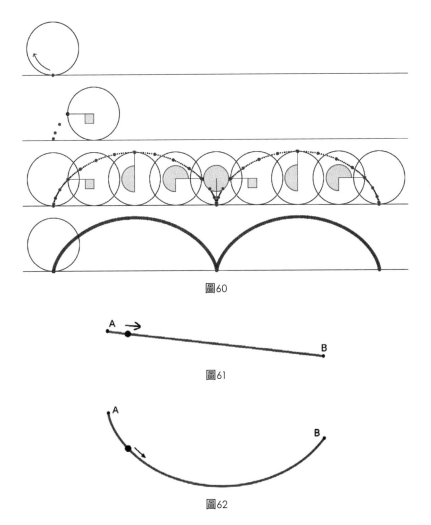

圖60

圖61

圖62

4-12 **為什麼角度要改成弧度（一）：弧度的起源**

從希臘時期開始，夾角的開口大小度量單位是度 (degree)，如：90°。這個用法用到 18 世紀初期，用單位圓的弧長來做新度量單位：弧度 (radian)，如：$90° = \dfrac{\pi}{2}$ ，見圖 63。

在 1714 英國數學家羅傑・寇茲 (Roger Cotes) 用弧度的概念而不是用度來處理相關問題，他認為弧度作為角的度量單位是很方便的。

在 1748，尤拉在《無窮微量分析引論》中用半徑為單位來量弧長，設半徑等於 1，$\dfrac{1}{4}$ 圓周長是 $\dfrac{\pi}{2}$ ，所對的 90 度圓心角的正弦值等於 1，可記作 $\sin(\dfrac{\pi}{2}) = 1$ 。但 radian 一詞沒有出現，只是直接用。

在 1873 愛爾蘭工程師湯普遜 (James Thomson) 於伯斯發特的女王學院，所出的試題中。弧度 radian 一詞第一次出現。而弧度 (radian) 是半徑 (radius) 與角 (angle) 的合成，意味著弧度與半徑與角有關。

為什麼角度需要改成弧度

原先角度是用來描述角的開口大小程度，但為了區別圖案上的長度，所以加個小圈圈避免混淆。見圖 64。但使用小圈圈描述開口大小，其實在數學使用上有著種種不便。

1. 對於書寫上，有時 15° 寫太潦草變成 150，小圈圈會被誤認為是 0，也就是被當成是 150 度來計算。
2. 廣義三角函數的作圖，橫軸用角度不易觀察曲線變化。見圖 65：y=cos x
3. 座標平面已習慣只看到數字，再看到一個角度的小圓圈，畫面會很亂。同時圖案是一格單位是 5，所以如果是 1 比 1 的原始圖案將會更平坦沒有起伏，所以找一個關係式，把角度換數字，此數字的意義為弧度（稍後說明內容），用弧度來代替角度來描述開口大小，使圖案方便觀察。觀察圖 66，角度與弧度的差異性。可以看到如果用弧度表示的話，可以讓圖案有明顯的變化，並且不用壓縮圖案。
4. 角度換弧度關係式是 π = 180°。角度換弧度的優點：
   (1) 將作圖變更清晰。
   (2) 使與 π 有關的公式變精簡，見表 5。

所以開口大小有兩個寫法，一個以弧度（實數）表示，一個角度（小圈圈）表示。

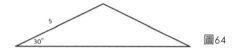

圖63

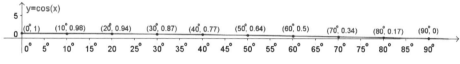

圖64

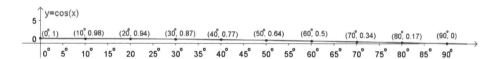

圖65

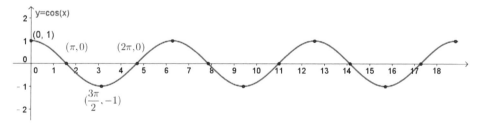

圖66：用弧度後，曲線變化明顯

表 5

	角度	弧度
弧長公式	$s = \dfrac{x^\circ}{360^\circ} \pi r$	$s = r\theta$
扇形面積公式	$A = \dfrac{x^\circ}{360^\circ} \pi r^2$	$A = \dfrac{1}{2} r^2 \theta$

4-13 **為什麼角度要改成弧度（二）：為什麼 180度=** π

已知角度換弧度是為了方便，所以找有意義的式子來換算。我們知道正三角形是 3 個角度是 60°，並且三個邊長一樣長。見圖 67。而弧度就是思考圓心角度是要幾度，弧長才會跟半徑相等。

弧長參考圖 68，弧長計算式：弧長＝圓周長 × 比例

$$=直徑 \times 圓周率 \times \frac{圓心角度}{360°}=2r \times \pi \times \frac{\theta}{360°}。$$

所以當弧長＝半徑時，參考圖 69，令 $2r \times \pi \times \frac{\theta}{360°}=r$，則 $2\pi \times \frac{\theta}{360°}=1$，則 $\theta=\frac{360°}{2\pi}$，則 $\theta=\frac{180°}{\pi}$，則 $\theta=\frac{180°}{3.14}$，則 $\theta \doteqdot 57.3°$。

可以發現 $\theta=\frac{180°}{\pi} \doteqdot 57.3°$ 時，半徑等於弧長，這個角度具有特殊性。就定義這個角度 $\theta=\frac{180°}{\pi} \doteqdot 57.3°$ 為 1 弧度，因為 $\frac{180°}{\pi} \equiv 1$ 弧度，所以 $180° \equiv \pi$ 弧度。**此數字是用弧長描述開口大小，所以稱「弧度」。同時在單位圓上，弧度的數字等於弧長的數字。特別要注意的是角度換弧度關係式，不是圓周率等於 180 度。**角度換弧度關係式：$\pi=180°$，大多數人對於圓周率這個比率等於 180 度感到困惑。實際上，不是圓周率等於 180 度。而是開口大小的兩個不同描述方式，弧度數值是圓周率的數值時，恰等於開口的角度表示的 180 度。 **所以我們應該唸作，弧度 π ＝角度 180°。**此換算如同：一本電子書是 2 美元，也可寫作 60 台幣。

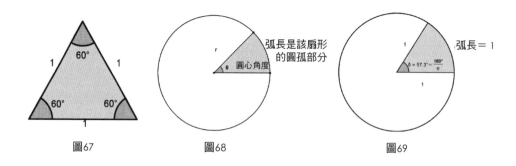

圖67　　　　　　　圖68　　　　　　　圖69

弧度的應用：兵馬俑的馬戰車、量角器、在地球經過了幾度。

取自WIKI，CC3.0

　　由圖可知，兵馬俑的馬戰車車輪之車幅有 30 根，而且學者發現圓被完美作成 30 等分，在當時怎麼可能辦到，這是多令人不可思議！360 度除以 30，一個角度是 12 度，再用量角器去畫，但正常來說，只能切半圓，1/4 圓，1/8 圓，以此類推，所以不可能做出 12 度。那到底要如何作出 30 等分？已知圓形切一半，兩邊半圓的弧長是一樣長的，繼續分割為 90 度，其對應的 1/4 圓周也都會是一樣長。也就是在同一個圓中，角度相等時，其對應的弧長會一樣，可以利用此原理對圓形作等分。

　　第一個方法：拿一條 30 公分繩子，每公分的位置標上記號，再繞成圓形，將繩上每一點連到圓心，如此一來就能得到 30 等分。但繞成圓形並不太容易。

　　第二個方法：拿一條繩子繞車輪，量出圓周長，以此長度利用相似形原理去做出 30 等分的點，再放回車輪上去標記就能將圓作成 30 等分。

　　同理量角器應該也是利用這兩種方法其中之一做出來，作出後就能方便測量角度。而這種利用圓周上的弧長，測量角度的方法，在現在被稱為弧度。對於弧度我們或許太陌生，但由以上的介紹可以更認識弧度並知道生活中處處是數學。

　　補充說明：為什麼需要弧度來量角度，**因為在一平面不能量角度的時候，必須利用弧長來推算角度是多大**，如在地球上直線經過 1000 公里，並已知地球半徑 6378 公里，由弧度公式：半徑 × 弧度＝弧長，所以可推算出弧度為 0.15679，也就是圓心角 8.983 度。

4-14 **神奇的帕斯卡三角形**

帕斯卡的故事：

在西元 1654 年帕斯卡 (Pascal) 是法國的科學家，他發現水壓機原理，及空氣具有壓力，帶來物理上流體力學重要的基礎，數學上也有相當不錯的貢獻。帕斯卡的父親熱愛數學，但他認為數學對小孩子有害，認為應該在 15 歲後，才開始學習數學，同時帕斯卡的身體並不強壯，變得更不敢讓他接觸數學。

在帕斯卡 12 歲的時候看到父親看幾何的書，因此問說那是什麼？但父親不想讓他知道太多，只回答這些正方形、三角形、圓形的用途，是給繪畫時畫出更美麗的圖形，帕斯卡自己卻回去研究這些圖形。發現任何三角形的內角和都會是一個平角（180度），於是很高興跟父親說，父親發現他的才華，於是開始教他數學。在 13 歲時，就發現了帕斯卡三角形。在 17 歲時，寫了將近 400 多篇的圓錐曲線定理的論文。在 19 歲時，為了幫助稅務官的父親計算稅務，發明世界上最早的計算機。但只有加減法的運算，但他所用的原理現在仍繼續使用。

同時數學歸納法的原理也由他最早發現。但在西元 1654 年 11 月的某一天，他搭馬車發生意外，大難不死，他認為一定是有神明保庇，於是放棄數學與科學，而開始研究神學，只有在身體不舒服的時候，才會想些數學來轉移注意力。到了最後像苦行僧一樣，將一條有尖刺的腰帶綁在身上，如果有不虔誠的想法出現就打這條腰帶，來處罰自己。最後帕斯卡不到 39 歲就過世了。

帕斯卡的數學研究非常接近微積分的理論，影響了德國數學家萊布尼茲，看完後不久寫到：「當自己讀到帕斯卡的著作時，像是觸電一般，頓悟到一些道理，而後建立了微積分的理論」

在這邊我們可以知道幾件事情，首先可知道，數學從何時開始學並不是問題，只要有心、肯努力，一定都可以獲得成果，天分固然重要，但努力卻是更重要。第二，計算機雖然是國外發明，但別忘了中國也有算盤，算盤在處理加減運算時也有著相當的便利性，可惜的是沒有繼續往下發展。

帕斯卡三角形：

帕斯卡在多項式中發現兩項多項式與冪次的係數關係，相加可得下一行係數。見圖 70。帕斯卡繼續研究 $(x+y)^n$，其中指數部分 n 的變化，會帶來什麼影響，研究其中的規律，得到二項式定理，以及另一個三角形，與帕斯卡恆等式。

二項式定理：

二項式定理是該二項式的 n 次方展開的定理，每一項的係數與 C 有關。二項的多項式 $(x+y)$，發現不同指數時，展開後每一項係數有其特殊規律。最後，得到 $(x+y)^n = \sum_{k=0}^{n} C_k^n x^k y^{n-k}$，並發現另一個三角形，見圖 71。

帕斯卡恆等式：帕斯卡在排列組合上發現的恆等式：$C_{n-1}^{m-1} + C_{n-1}^m = C_n^m$。

但在 400 年前的 13 世紀中國南宋數學家楊輝，早已經做出帕斯卡三角形，見圖 72。我們可以發現中國其實早期數學領先西方。只是到了後來因文化問題，而導致數學停擺、科學落後。

$$1\ 1$$
$$1\ 2\ 1$$
$$1\ 3\ 3\ 1$$
$$1\ 4\ 6\ 4\ 1$$
$$1\ 5\ 10\ 10\ 5\ 1$$

$$(x+1)^1 = 1x+1$$
$$(x+1)^2 = 1x^2 + 2x + 1$$
$$(x+1)^3 = 1x^3 + 3x^2 + 3x + 1$$
$$(x+1)^4 = 1x^4 + 4x^3 + 6x^2 + 4x + 1$$
$$(x+1)^5 = 1x^5 + 5x^4 + 10x^3 + 10x^2 + 5x + 1$$

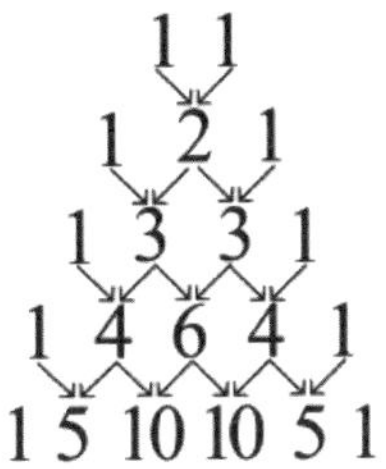

圖70

$$1\ 1$$
$$1\ 2\ 1$$
$$1\ 3\ 3\ 1$$
$$1\ 4\ 6\ 4\ 1$$
$$1\ 5\ 10\ 10\ 5\ 1$$

$$C_0^1\ C_1^1$$
$$C_0^2\ C_1^2\ C_2^2$$
$$C_0^3\ C_1^3\ C_2^3\ C_3^3$$
$$C_0^4\ C_1^4\ C_2^4\ C_3^4\ C_4^4$$
$$C_0^5\ C_1^5\ C_2^5\ C_3^5\ C_4^5\ C_5^5$$

圖71

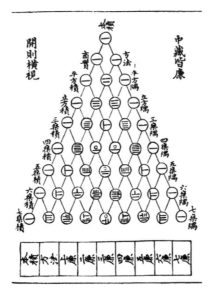

圖72：中國數學家朱世傑的著作「四元玉鑒」中的「三角垛」。

4-15 **數學與音樂（一）**

「如果我們形容音樂是感官的數學，那麼數學就可說是推理的音樂」

James Joseph Sylvester(1814-1867) 英國數學家

「所有的藝術都嚮往音樂的境界，所有的科學都嚮往數學的境界」

George Santayana(1863-1952) 美國哲學家

數學和音樂，都必須使用一套精確的符號系統以正確表達抽象概念，因此，數學符號和樂譜有極相似的圖像，見圖 73。為何說，數學是推理的音樂？我們可以從四個層面來說明。

1. 物理層面

音樂是聲音構成，而聲音從物理學而言就是空氣的波動，所有學過弦樂器的都知道，左手指按弦的動作就是經由改變琴弦的振動長度來發出不同的音高。音樂是最抽象的藝術形式，它的基本元素是聲音，它的呈現是聲音的組合，而且音與音之間的關係是**比例**關係。因此，單從物理層面而言，音樂作為最抽象的藝術，必然和最抽象的數學，有極相似的地方。

這也說明了為何希臘人將音樂視為數學的一支。希臘人及中世紀所謂的四藝，指的是算術，幾何，音樂與天文。音樂也是自然界的事實呈現：八度音程是數學真理， 5 度與 7 度和弦也是。因此，20 世紀的流行音樂家詹姆士泰勒 (James Taylor) 也有類似的感受：物理定律規範著音樂，所以音樂能將我們拉出這個主觀而紛擾的人世而將我們投入和諧的宇宙，前兩小節就是動機 (Motif)，由此展開整段旋律，就像數學演繹，由公理出發，導出定理。見圖 74 與圖 75。

2. 結構層面

音樂是由聲音和節奏建構起來的，它的語法及「文法」並非任意的，音樂的構成就如同數學，是被心智深層所要求的結構及組織規範著。因此有基本的處理聲音和節奏的規則，正如同算術中的四則運算，這些「運算」有**重複** (Repetition) 一段樂句，**反轉** (Inversion) 一段樂句或**轉調** (Modulation) 等等基本運作。作曲家從最初的動機或樂想（通常只有幾小節）作起點，使用上述基本運作發展成較長的一段樂句，再將這些較長的樂句依據某個曲式 (Music Form) 發展成完整的樂章。貝多芬的第 30 號鋼琴奏鳴曲的第三樂章就是一個很好的例子：由他鍾愛的 16 小節樂句開始：Gesangvoll, mit innigster Empfindung。（從內心很感動的，如歌的行板）開展成 6 個變奏曲 (Variation)，見圖 76。

至於什麼是曲式？如同數學 400 多年研究許多形態和樣式 (Pattern) 一樣，西方音樂也發展出許多豐富的曲式，如賦格 (Fugue)，奏鳴曲式 (Sonota)，交響曲式 (Symphony) 等等，以反轉 (Inversion) 為例：巴哈鋼琴平均律的一小段：上半旋律的起音是 A，下

半旋律的起音是 E，當上半旋律向上行，下半旋律就向下行等量的音高，反之，當上半旋律向下行，下半旋律就向上行等量的音高。見圖 77。

　　一般而言，曲式結構嚴謹，有一定規則，很像數學的演繹推理。因此，近年來有許多音樂學者使用抽象代數 (Abstract Algebra) 的方法來分析，瞭解曲式的結構。譬如說，平均律的所有調性形成一個可交換群 (Abelian Group)，見圖 78，這個結論讓我們可以從交換群的特性看出轉調規則的原因。我們不必也不需要在此探討什麼是可交換群，只要瞭解到：從結構層面而言，音樂與數學的關係之密切遠超過我們的憶測。二十世紀作曲家史特拉汶斯基 (Stravinsky) 曾說：「**音樂的曲式很像數學，也許與數學的內容不相同，但絕對很接近數學的推理方式。**」

圖73：作者自己製作的圖像，音樂是
Vitali 的Chaconne

圖74：貝多芬第5交響曲第一樂章

圖75：貝多芬第5交響曲第一樂章的前16小節，由上述的動機小節經由曲式原則展開成第一主旋律。

圖76：貝多芬 Piano Sonata No.30，第三樂章主旋律 (16小節樂句) 這段音樂可從Youtube的網站https://www.youtube.com/watch?feature=player_detailpage&v=koqAdGcty3k#t=413

圖77：反轉。

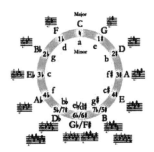

圖78：平均律 (12個音) 所有的調性形成一個 Abelian群。

「美，是首要的標準；醜陋的數學在世界上是找不到永久藏身處的！」

　　　　　　　　　　哈代 (G. H. Hardy)，1877 － 1947，英國數學家。

「用一條單獨的曲線，像表示棉花價格而畫的曲線那樣，來描述在最複雜的音樂演出的效果－在我看來是數學能力的極好證明。」

　　　　　　　　　　開爾文 (Lord Kelvin)，1824 － 1907，英國物理學家。

圖片，乾草堆、日落。取自WIKI共享，作者，克勞德・莫奈。

第五章
近代時期

5-1 **數學與音樂與顏色（一）**

　　數學與藝術的關係不勝枚舉，如數學與音樂、數學與建築、利用電腦與數學作出動畫、也與生物密碼不可分離等等。更甚至音樂，數學家畢達哥拉斯創造音階，而約翰白努利與巴哈完善音程問題（平均律），尤拉更寫下《音樂新理論的嘗試（Tentamen novae theoriae musicae）》，書中試圖把數學和音樂結合起來。一位傳記作家寫道：這是一部「為精通數學的音樂家和精通音樂的數學家而寫的」著作。牛頓發現顏色在光譜的頻率關係，並定下自己認為顏色與音階的關係，見圖 1。而亞歷山大‧史克里亞賓 (Alexander Scriabin) 對顏色與音階的關係，見圖 2。其他藝術家也各自定義，參考此連結：http://theappendix.net/blog/2013/10/experimental-music-and-color-in-the-nineteenth-century，牛頓與史克里亞賓的音階定義顏色，也可在此連結看到，或是搜尋此關鍵字「Three centuries of color scales」。這些都是數學與藝術的結合，藉由各種方法來讓看不見的抽象概念看得見。

　　到了十九世紀印象派 (Impressionism) 時期，有更多的藝術家思考讓畫作更為生動、真實、立體，見圖 3、圖 4，它們注意到光是由很多顏色組成，這邊可由三稜鏡色散發現到白光可構成彩虹，見圖 5，並且黑色並不只是黑色而是深色的極致。並且在不同的光源下看到的顏色也是不盡相同。所以他們認知到不用固有的顏色來創作，而是可以用基本的幾種顏色加以組合就可以達到想要的效果。如：紫色，能以紅點加藍點並排來表現。這種視覺觀感因為光的波長是數學函數，兩個光疊在一起時，如同兩函數的合成。見圖 7。而這種讓圖案更為生動立體的手法也用在現代的 3D 電影中，利用兩台播放機與色差眼鏡來製造立體感，見圖 8。

　　而這種畫法在 1880 又被再度強化，只用四原色的粗點來進行繪畫，稱為彩畫派，又稱新印象主義、分色主義。創始人是秀拉 (Georges-Pierre Seurat) 和希涅克 (Paul Signac)。它的概念如同電視機原理，利用人眼視網膜解析度低，也就是模糊時看起來的是一個整體，見圖 6。

　　這些畫法再度給音樂家創作的靈感，產生了印象主義音樂 (Impressionism in music)。此主義不是描述現實音樂，而是建立在色彩，運動和暗示，這是印象主義藝術的特色。此主義認為，純粹的藝術想像力比描寫真實事件具有更深刻的感受。代表人物為德布西 (Achille-Claude Debussy) 和拉威爾 (Joseph-Maurice Ravel)。印象主義音樂帶有一種完全抽象的、超越現實的色彩，是音樂進入現代主義的開端。德布西以「富嶽三十六景的神奈川縣的大浪」此畫，見圖 9，創作音樂作品：海 (La mer)。可參考 YOUTUBE 連結 https://www.youtube.com/watch?v=c_r-jvUKgys。

　　點彩畫派也影響 20 世紀音樂發展，奧地利音樂家安東‧魏本 (Anton Webern) 就應用此方式作曲。可參考 YOUTUBE 連結 https://www.youtube.com/watch?v=haTtMJo8HmY。

　　到了現代數學與音樂與顏色三者的結合，替色盲患者帶來了色彩，聽見顏色。內爾‧哈維森 (Neil Harbisson) 是一個愛爾蘭裔的英國和西班牙的藝術家，他是一位色盲藝術家，但他在 2004 年利用高科技，以**聲音**的**頻率**讓他「聽」到**顏色**。他將電子眼一端植入在頭蓋骨中，而鏡頭看到顏色後會將資訊變成對應的聲音傳到大腦，於是他聽到了顏色。從此他的世界變彩色。由以上內容可以發現數學與音樂與藝術都是息息相關的，互相影響發展史。

C- 紅　　D- 澄　　E- 黃　　F- 綠　　G- 藍　　A- 紫　　B- 紫紅

圖1：牛頓的和弦與顏色

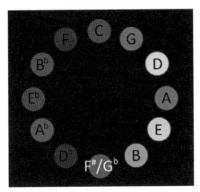

圖2：史克里亞賓的和弦與顏色，參考http://en.wikipedia.org/wiki/Alexander_ Scriabin#mediaviewer/File:Scriabin-Circle.svg

圖3：印象派的代表作：日出，取自WIKI共享，作者：莫內

圖4：星夜，取自WIKI共享，作者：梵高

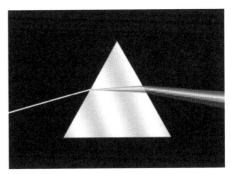

圖5：三稜鏡

圖6：檢閱，取自WIKI共享，作者：秀拉，顏色可參考此連結：http://zh.wikipedia.org/wiki/File:Seurat-La_Parade_detail.jpg

圖7：顏色的混合

圖8：3D電影

圖9：富嶽三十六景的神奈川縣的大浪，圖片取自WIKI共享，作者：葛飾北齋。

5-2 **數學與音樂與顏色（二）**

- 牛頓發現顏色在光譜的頻率關係，並且自己定下顏色與音階的關係。除了音樂家將和弦思考為有顏色性，表現的有色彩張力。也有畫家將畫作表現得有如音樂一般熱鬧。

- 二十世紀初抽象派畫家瓦西裡 • 康定斯基 (Kandinsky：1866-1944) 的作品，他曾在莫斯科大學成為教授之前學過經濟學和法學。康定斯基使用各種不同的幾何形狀和色彩，企圖使圖像呈現出音樂般的旋律及和聲，見圖 10、11。

- 1872- 1944 年荷蘭的蒙德里安 (Piet Cornelies Mondrian) 是現代主義 (Modernism) 藝術的藝術家，開始時蒙德里安創作風景畫，後來他轉變為抽象的風格。蒙德里安最著名的是用水平和垂直的黑線為基礎再進行了很多他的畫作。蒙德里安認為，數學和藝術緊密相連。他用最簡單的幾何形狀和三原色：藍、紅、黃，表達現實、性質、邏輯，這是一個不同的觀點。蒙德里安的觀點：任何形狀用基本幾何形狀組成，以及任何顏色都可以用紅，藍和黃的不同組合來建立。而黃金矩形是一個基本的形狀，不斷出現在蒙德里安的藝術中。見圖 12、圖 13。蒙德里安在 1926、1942 年做了這兩幅畫，圖中有很多黃金矩形，並以紅色，黃色和藍色組成。

- 1839-1906 的法國畫家：保羅 • 塞尚 (Paul Cézanne)，也有與蒙德里安類似的想法。他認為空間的形體可用圓錐、球等等立體幾何來構成，他的藝術概念經數學家研究後與空間拓樸學吻合。塞尚的風格介於印象派 (Impressionism) 到立體主義 (Cubism) 畫派之間。塞尚認為「線是不存在的，明暗也不存在，只存在色彩之間的對比。物象的體積是從色調準確的相互關係中表現出來」。他的作品大都是他自己藝術思想的體現，表現出結實的**幾何**體感，忽略物體的質感及造型的準確性，強調厚重、沉穩的體積感，物體之間的整體關係。有時候甚至為了尋求各種關係的和諧而放棄個體的獨立和真實性。塞尚認為：「畫畫並不意味著盲目地去複製現實，它意味著尋求各種關係的和諧。」從塞尚開始，西方畫家從追求真實地描畫自然，開始轉向表現自我，並開始出現形形色色的形式主義流派，形成現代繪畫的潮流。塞尚這種追求**形式美感**的藝術方法，為後來出現的現代油畫流派提供了引導，所以，其晚年為許多熱衷於現代藝術的畫家們所推崇，並尊稱他為「現代藝術之父」。見圖 14、圖 15。

- 1913 俄羅斯的卡濟馬列維奇 (Kazimir Malevich) 創立至上主義 (suprematism)，並在 1915 年聖彼得堡的宣布展覽，他展出的 36 件作品具有相似的風格。至上主義根據「純至上的抽象藝術藝術的感覺」，而不是物體的視覺描繪。至上主義側重於基本的幾何形狀，以圓形，方形，線條和矩形，並用有限的顏色創作，見圖 16。

- 卡濟馬列維奇的學生李西茨基 (El Lissitzky：1890-1941）他是藝術家，設計師，印刷商，攝影師和建築師。他的至上主義藝術的內容影響構成主義 Constructivism 藝術運動的發展。因為他的風格特點和實踐，自 1920 年到 1930 年影響了生產技術和平面設計師。見圖 17、圖 18、圖 19。

- 變成項目形式我們可以觀察到數學與音樂與藝術一直互相影響。所以想要學習抽象的數學就要從抽象的藝術來引發興趣再來學習。

 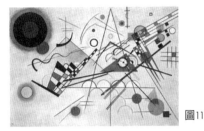

圖10 圖11

圖10、11，參考此連結：http://en.wikipedia.org/wiki/Kandinsky

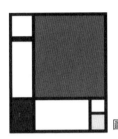 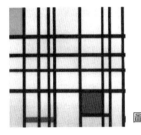 

圖12 圖13 圖14

圖12、13，參考此連結：http://en.wikipedia.org/wiki/Piet_Mondrian
圖14，參考此連結：http://en.wikipedia.org/wiki/Paul_C%C3%A9zanne

圖15 圖16 圖17

圖15，參考此連結：http://en.wikipedia.org/wiki/Paul_C%C3%A9zanne
圖16，參考此連結：http://en.wikipedia.org/wiki/Kazimir_Malevich
圖17，參考此連結：http://en.wikipedia.org/wiki/El_Lissitzky

 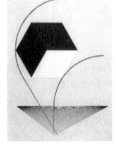

圖18 圖19

圖17、18、19，參考此連結：http://en.wikipedia.org/wiki/El_Lissitzky

5-3 **用電腦證明的定理：四色定理**

　　我們在觀察地圖時，可以發現地圖需要的顏色不多，就可以做到相鄰區域不同顏色，參考圖 20。而最少要幾個顏色呢？答案是四個顏色。這個問題最早在 1852 英國的製圖員提出，地圖能不能只用四種顏色讓地圖相鄰區域不同色，此問題又稱做**四色猜想**。但一直無法舉出足以令全部數學家都接受的數學證明。

　　四色問題之所以能夠得到數學界的關注，起因於狄摩根推動四色問題不遺餘力。他在 1853 年與 1854 年分別寫信給他以前的老師威廉・魏巍爾以及魏巍爾的妹夫羅伯特・萊斯利・艾里斯，討論四色問題。儘管直到 1876 年才大規模的受到注意，但美國邏輯學家、哲學家查爾斯・桑德斯・皮爾斯看到後，便向哈佛大學數學學會投了一份嘗試性證明（非真正證明），對可能的證明思路進行了一定探討。但到了 1878 年阿瑟・凱萊在倫敦王家數學學會向其他與會者詢問，四色足夠為地圖著色的問題，是否解決了？不久後他發表了一篇關於四色問題的分析，引起了更多數學家的回應，但仍然是不完整的證明。之後陸陸續續有許多數學家也加入討論，甚至是退而求其次的先驗證五色問題，發現五色一定可以替地圖做到相鄰異色，所以得到了一個較弱的定理：五色定理，但沒因此順利的解開四色問題。

　　從拓撲學的角度來看四色問題，卻意外的有所突破。普林斯頓大學的奧斯瓦爾德・維布倫的工作重心是拓撲學，開始對四色定理的研究。他使用了有限幾何學的觀念和有限體上的關聯矩陣作為工具，最後伯克霍夫的學生菲利普・富蘭克林：驗證不超過 25 個國家構成的地圖都能用四色著色。由於伯克霍夫首次證明了四色定理對不超過 12 個國家的地圖成立，歷史上證明的可染色地圖的國家數上限記錄被稱為別克霍夫數。一直到 1976 年，數學家凱尼斯・阿佩爾 (Kenneth Appel) 和沃夫岡・哈肯利 (Wolfgang Haken) 用電腦得到一個的證明，四色猜想被確定正確後，改名為四色定理。

　　因為四色定理是第一個利用電腦證明的定理，所以拿出來強調它的特殊性。利用電腦的證明，在最初並不被數學家接受，但因為這個證明無法用人手直接驗證，所以最後也漸漸能接受電腦的驗證。但仍有數學家希望能夠找到更簡潔或不用電腦的證明。接著觀察更多的四色定理圖片，見圖 21、22。

　　由圖案可知這麼多的格子，如果用手工一定是難以完成與證明，但現在我們有了電腦後，可以有效驗證。或許將來我們會出現更多的需要電腦驗證的情形，在那時候數學也一定是相當進步的階段。

小博士解說

　　雖然四色定理證明任何地圖可以只用四個顏色著色，但是這個結論對於現實上的應用卻相當有限。因為相鄰地區不會太多鄰國，生活用四種顏色著色的地圖是不多見的，往往只需要三種顏色來著色。以及現實中的地圖常會出現飛地，即兩個不連通的區域屬於同一個國家的情況，製作地圖時這兩個區域被塗上同樣的顏色。地圖能只用四種顏色區分相鄰地區是不同國家，也會採用更多的顏色，以示不同地區的差別。

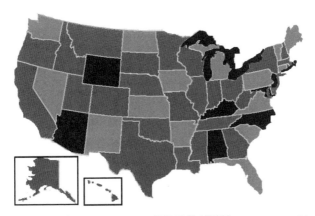

圖20，取自WIKI，CC3.0，作者：Dbenbenn，顏色可參考聯結：http://en.wikipedia.org/wiki/
File:Map_of_United_States_vivid_colors_shown.png

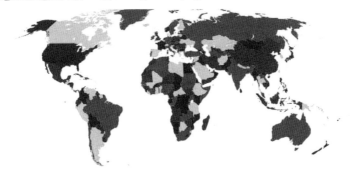

圖21取自WIKI共享，顏色可參考聯結：http://zh.wikipedia.org/wiki/File:Four_color_world_map.
svg

圖22，取自WIKI，CC3.0，作者：Inductiveload，顏色可參考聯結：http://zh.wikipedia.org/wiki/
File:Four_Colour_Map_Example.svg

5-4 **神奇的莫比烏斯帶與克萊因瓶**

神奇的莫比烏斯帶

　　一張紙條作成的環，內外都畫完，要畫兩筆，見圖 23。但只要做一個小小的變化，就可以一筆把一張紙條作成的環，內外都畫完。我們只要在做環狀時旋轉一個半圈就好。這個形狀稱為莫比烏斯帶 (Möbiusband)，見圖 24。

　　它的路線像是無限內外兩圈一直循環，所以有人因為莫比烏斯環一筆能畫完內外兩圈，就將無限大的符號∞與莫比烏斯環聯想在一起。但實際上無限大的符號早已經存在，在羅馬時期∞就已經被當作是很大的數來使用，∞與莫比烏斯環不一定有關係。同時旋轉不同數量半圈的莫比烏斯環由中線剪開，會又不一樣的情形。

旋轉 1 個半圈，會變成一個更大的圈，見圖 25、圖 26。

旋轉 2 個半圈，會變成 2 個連結的圈，見圖 27、圖 28。

旋轉 3 個半圈，會變成類似三葉草的形狀，見圖 29、圖 30。

　　莫比烏斯帶，是數學中拓撲學的一種結構，由德國數學家、天文學家莫比烏斯 (August Ferdinand Möbius) 和約翰 ・ 李斯丁 (Johhan Benedict Listing) 在 1858 發現。

神奇的克萊因瓶

　　莫比烏斯環內跟外是同一面的特殊性，此性質也在立體中有出現：這個形狀稱為克萊因瓶 (Kleinsche Flasche)，見圖 31、圖 32。作法是一個管狀的瓶子，下方開口向下延伸，扭轉穿入內部，再與上方開口密合。此時瓶子外面與裡面是同一面。

　　克萊因瓶的性質，也是數學中的拓撲學的一種結構。由德國數學家菲利克斯 ・ 克萊因 (Felix Christian Klein：1849-1945) 提出。

　　由以上兩種特別的形狀，可以發現生活中有很多與數學有關的性質，或可以說世界是由許多數學規則完成的。

小 博 士 解 說

　　拓撲學是研究位置的數學，也被比喻為橡皮的幾何，可以任意延展與扭轉，而它在生活中可以做什麼？可用於生物學研究的DNA上的某些酶的研究，拓撲學也可用於生物學中基因之間的關係。以及物理學中，拓撲被用在一些領域，如量子場論和宇宙論。在宇宙論，拓撲結構可以用來描述宇宙的整體造型。這個區域被稱為時空拓撲。以及電路圖中我們也常見到電路被扭曲變形，卻代表相同意義。

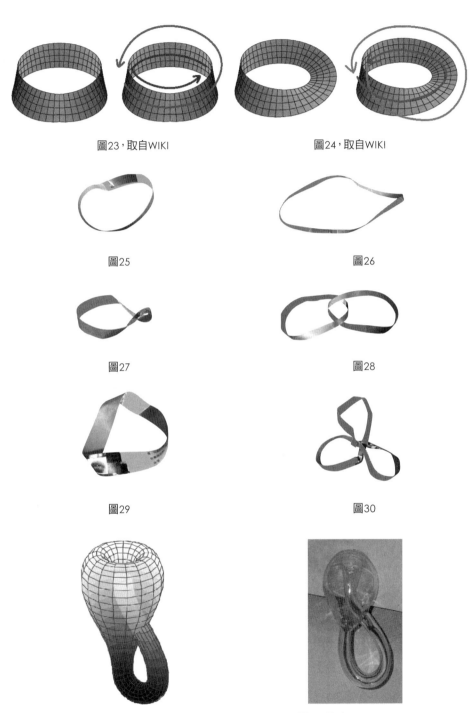

圖23，取自WIKI

圖24，取自WIKI

圖25

圖26

圖27

圖28

圖29

圖30

圖31，取自WIKI：CC3.0，作者Tttrung

圖32，取自WIKI：CC3.0

5-5 統計（一）：數學名詞誤用──平均所得

　　部分人可以理解一部分的數學名詞，但卻用錯地方，導致完全不合理的判斷。最常犯的錯誤就是**使用無意義的平均：平均所得**。政府常常使用平均所得討論大家生活過得好或不好其實沒有意義，觀察圖 33。可發現此種圖表講平均是沒有任何意義的。因為後半階段的人沒感覺，前半段的人無所謂。這種圖形又稱 M 型社會，在 5.6 有更多的介紹。此種圖形是不能用平均來描述，那應該用哪一種數來描述，我們應該用中位數來描述才比較貼近大家的觀感，見圖 34。或是直接看圖表才能知道的所得情況。用平均來討論所得時還必須與標準差一起討論。接著認識標準差，以及認識常用的統計名詞：其意義與使用時機，見表 1。

標準差是什麼？

　　標準差對於大部分人是一個陌生、看不懂的東西，所以通常統計報表不一定會作出標準差給大家看，但平均數大家應該都不陌生，在絕大多數情況，都用平均來解決問題，或是說只會用平均來看事情，所以造成了很不精準的判斷。

　　利用標準差及算術平均數，能幫助判斷各部分的數量，這邊舉一個例子可以明顯認識其意義，一群人出去玩，這群人身高平均 165cm，標準差是 7 公分；

　　另一群人身高也是常態分布，這群人身高平均 165cm，標準差是 3 公分。

　　這兩群人看起來感覺就不一樣，因為標準差的不同。

　　前者標準差大，身高落差大，68% 的人是平均數加減一個標準差的範圍內，$165 - 7 = 158$、$165 + 7 = 172$，所以 68% 的人身高在 158~172 之間。

　　前者標準差小，身高落差小，68% 的人是平均數加減一個標準差的範圍內，$165 - 3 = 162$、$165 + 3 = 168$，所以 68% 的人身高在 162~168 之間。

很明顯的可以看出，後者的分布比較集中。也可以看圖 35 來認識。

或由數學式認識標準差：$\sigma = \sqrt{\dfrac{1}{n}\sum_{i=1}^{n}(x_i - \overline{x})^2}$ 的意義，如果每筆數距離平均越遠、

越分散，$x_i - \overline{x}$ 越大，所以 $\sigma = \sqrt{\dfrac{1}{n}\sum_{i=1}^{n}(x_i - \overline{x})^2}$ 就越大。數據越分散，標準差越大。

結論：

　　如果用圖表及算數平均數、標準差，說明國民所得可以更讓人知道生活狀況，如下圖：根據三個標準差切開看觀察各區間的人數。**圖 36：標準差為 1.5 萬的情形。圖 37 為標準差為 3 的情形。**

　　用標準差、圖表來說明，才能知道貧富差距情形。以及我們常聽到台灣的數學（如：AMC、PISA）在全世界不錯，其實這也是有問題的，我們是平均不錯，但標準差大，也就是好得很好，壞得很壞，大家的數學能力落差很大。所以**要了解平均在大多數情況都是沒有用的，必須加上標準差才更清楚。**

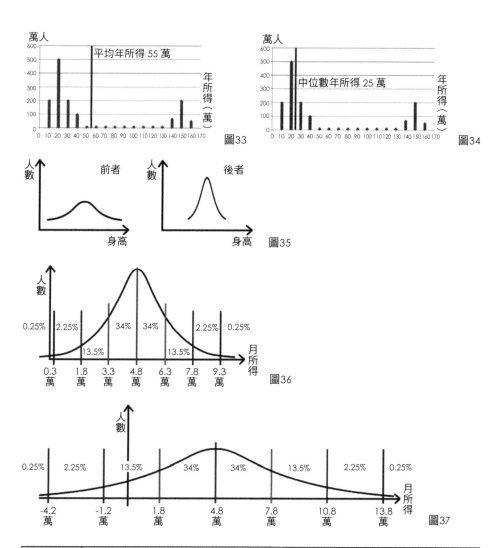

圖33

圖34

圖35

圖36

圖37

名詞	意義
平均	總和除以數量，符號為 $\bar{x}$。用在大家都是差不多的情形，不受極端值影響的圖表。
中位數	最中間的數字，或是數量是偶數時，取最中間兩個的平均。用在圖表有受到極端值影響時，如 M 形曲線。
眾數	數量最多的數值。用在品管，統計班上的年紀。
標準差	每筆數據減去平均的平方和，再除以數量，再開根號，符號為 σ，$\sigma = \sqrt{\dfrac{1}{n}\displaystyle\sum_{i=1}^{n}(x_i - \bar{x})^2}$，此數據可觀察圖表分散程度，$\sigma$ 越大分布越廣。

表 1

5-6 統計（二）：M型社會是什麼？

M型社會是一個兩極化的社會，貧富差距很大的一個社會，但對於部分民眾也就僅此這樣的認識，對於真正的 M 形社會的實際意義並不明白，甚至對哪邊跟 M 有關係都不是很清楚，M 形社會為年所得與人數的長條圖作成曲線，其曲線呈現 M 的形狀，故因此得名，見圖 38。兩個尖端的地方代表，領該薪水人數特別多的區塊，以本圖為例就是，年收入 30 萬與 80 萬最多。在 M 形社會平均年所得的數字是沒有意義的，對於大多數人該數並非貼近自己所得，這邊可以舉一個極端的例子，班上 50 人，25 人考 0 分、25 人考 90 分，全班平均是 45 分，這平均無法描述同學的大概成績。

相同的，在 M 型社會的平均所得也就失去意義，因為兩個人數多的部分彼此再拉平均，平均反而落在兩高峰的低谷之中，而低谷代表的意義是人數少的部分，所以如果是 M 型社會所報出來平均所得，大多數人都不會有感覺，因為跟自己的所得都差太遠，有錢人固然不會在意，但低於平均以下的人就會想說，這數字跟自己一點關係都沒有，或是想說自己認真工作還是所得在平均以下，認知到貧富的分配其實並不公平，導致數據作用不大，見圖 39。

要避免數據無感，需要畫出圖表，圖表上用曲線就可以，因為可以把兩個年度的曲線拿來作比較分析，並可看出曲線變化，並進而發現貧富差距的變化情形。且能觀察社會是哪一種 M 型曲線，見圖 40。

如何從兩個年度的曲線發現資訊？

假設：下頁為兩個年度的曲線，見圖 41。看到圖 40 的左邊與中間，知道人往兩個高峰靠過去，也代表 M 型化的加劇，並且經計算後得到平均以下的人數百分比，得知貧富的分布，知道自己是屬於哪一個部分，並且思考現在經濟有多壞；再者我們可以知道失業的人收入很低，藉由圖表推算可以知道年收低於多少是屬於失業族群，進而判斷兩年度失業率的變化。將兩年度合併起來看，見右邊的圖，可以更明確的看到變化，雖然可以觀察到平均向右移，代表平均有所提升，但兩邊高峰的部分更往兩邊，代表貧者越貧越多、富者越富，而造成這個現象的原因很多，有社會動盪、產業外流、全球經濟的影響等等，而 M 型曲線的結果帶來的是什麼？為了應付經濟不好，所以高學歷的人因經濟不好，為了給小孩更好的生活，選擇晚婚、晚生、不婚、不生，低生育率帶來更多問題，不斷惡性循環，貧富差距就更大。一切都要依真正圖形來說明，單看平均一點意義都沒有。

所以看圖表有助於人民反過來督促政府，政府解決社會 M 型化的方法是否奏效，貧富差距有沒有因此縮短、不變，還是更加惡化，以及每年所公布的平均所得，到底對大多數人有沒有意義，是一個努力卻達不到的數字，還是一個描述在自己可接受範圍的數字，如果公布的數字都大多數人不認可，那這個數字沒有意義。然而目前僅有一個沒感覺的平均所得，我們需要更多的數據與圖表，才能知道現在的情形。

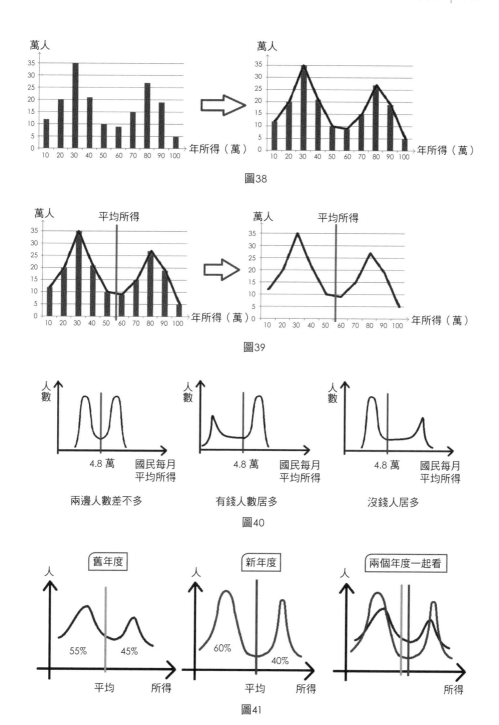

圖38

圖39

兩邊人數差不多　　　　有錢人數居多　　　　沒錢人居多

圖40

舊年度　　　　新年度　　　　兩個年度一起看

圖41

5-7 **統計（三）：民意調查**

民主國家一定有選舉，而選舉前一定會民調，但是怎樣的民調才算是有意義。觀察常見的候選人支持率民調方法，如下：

1：36.5%，隨機選取 500 個，具有投票權的國民作為樣本。

2：41.0%，隨機選取 500 個，進行電話投票的人。

3：39.0%，隨機選取 1000 個，具有投票權的國民作為樣本。

4：44.5%，隨機選取 1000 個，進行電話投票的人。

在 50 萬投票人口中，哪組民調結果最能夠接近真正的支持度？

第一、首先要知道不可能全部人都調查，但要選多少人才能足夠精準呢？基本上越多越好，但統計上可以更為精準的算出至少要多少人，這個稍後再提。

第二、調查的方式的問題，我們思考一下是否真的夠隨機，以電話民調來說，晚上因為已經下班了，所以不大可能進行調查，又或是工作一天晚上聽到民調就隨便敷衍過去。而白天電話民調的對象不夠全面，白天大多是非上班族，或是老人或家庭主婦，這樣不夠隨機就喪失民調的意義。同時電話訪問還有另外一個問題存在，容易誤導。所以應該是方案 3 比較貼近支持率。

結論：

隨機選取的數量，理論上越多越好，但到底應該至少要多少，才具有參考價值？在統計上已經幫我們計算出隨機抽取需要的數量，隨機抽取的數量取決於**信心水準**的等級，主要用信心水準 95%、信心水準 99.7%。而各個信心水準有其對應計算出來的**信賴區間**。

信賴區間的意義 (CI)：利用隨機抽取出來的支持率 p 去算出一個範圍，此範圍涵蓋真實的支持率，此範圍與信心水準有關。

信心水準的意義：信心水準 95% 就是相信算出來的**信賴區間有 95% 是正確的。** 而信心水準決定誤差，信心水準 95% 的誤差是 2σ、信心水準 99.7% 的誤差是 3σ；而 $\sigma = \sqrt{\dfrac{p(1-p)}{n}}$ 。

例題：市長的支持度民調，隨機抽取訪問 $n = 1000$ 人，支持度為 $p = 60\%$，以信心水準為 95% 來計算，可得誤差為 $2\sigma = 2 \times \sqrt{\dfrac{p(1-p)}{n}} \approx 3.1\%$ 。也就是有 95% 信心相信真實的支持度在 60% － 3.1% = 56.9% 到 60% + 3.1% = 63.1% 之間，而 56.9% 到 63.1% 的範圍就是信賴區間，真實的支持率就在這範圍內。

如何計算隨機抽取的數量

一般民調以信心水準 95%、誤差不大於 3%，決定抽取的數量。而信心水準 95% 的誤差計算公式為 $2 \times \sqrt{\dfrac{p(1-p)}{n}}$。所以可得到 $2 \times \sqrt{\dfrac{p(1-p)}{n}} \leq 3\%$，化簡可得 $\dfrac{-40000}{9}(p - \dfrac{1}{2})^2 + \dfrac{10000}{9} \leq n$，所以 n 的最小整數值是 1112。所以信心水準 95%、誤差不大於 3% 的條件下，民調隨機抽取 1112 人就足以作出準確的調查。了解統計工具的意義，才能知道我們統計的數據值不值得採用。目前的民調方式都是有瑕疵的，因為方式是電話並且有效樣本少於 1000。

表 2：常用的信心水準與誤差，隨機取樣的數量。

		誤差 2%	誤差 3%	誤差 5%
信心水準	95%	2500	1112	400
信心水準	99.7%	5625	2500	900

民調若失誤，誤差將會非常大

以 2014 的台北市長選舉為例，國民黨大敗，其中民調先前都過於樂觀，但最後開出來結果卻是大大失真。民調一向是選舉預測的工具，甚至政黨以民調做為提名候選人的依據。在這次的選舉有一種講法，就是這次民調的會大大失真。因為民調是以電話調查，白天家裡接電話的族群已經不是隨機，並且沒有手機的抽樣。但這次選後的評論是藍軍支持者對大局不滿，不肯在民調中表態，導致民調失真。這簡直就是荒謬，沒做好調查卻怪莫須有的人不配合。在第 154 期中文版科學人指出，美國民調機構透過電話蒐集選民意見的成功率是 1/3，現在則不到 1/11。在現代手機與網路興起，家用電話漸漸被淘汰，對民調形成很大的衝擊，選舉民調如何調查將變成最大的重點，必須在網路、電話、手機、海外都做夠正確、數量夠多的調查，否則民調與事實會越差越大。

5-8 統計（四）：期望值與保險費、核四安全性

　　我們有各式各樣的保險費，如：健保、勞保、意外險。而這些費用是如何出來的，這些費用就是以統計中的期望值而來。例如：一年一期的意外險賠償 100 萬元，統計資料顯示出意外的機率為 0.1%，則保險公司每一份保單的最低應該大於多少才不會虧損？最低要是 100 萬 ×0.1% ＝ 1000，所以要收 1000 以上，保險公司才不會賠本。而**價值乘以機率**，就是統計中的期望值概念。

　　保險到底值不值得去保，這是一個值得思考的問題。主要問題有兩個，保險的期間，這個保險公司會不會倒閉。第二個是值不值得這麼高額的保險。第一個問題是自己要夠聰明不要選到不好的，但更多時候是政府強迫的，但政府的財政危機令人擔憂勞保或是健保的永續性。第二個問題我們可以參考歷史有名的「帕斯卡賭注」（Pascal's Wager)，帕斯卡思考「上帝存在」和「上帝不存在」。說了以下這一段話：「究竟上帝存不存在？我們應該怎麼做？在這裡無法用理性判斷。有一個無限的混沌世界將我們分隔。在無窮遠處，投擲錢幣的遊戲最後將開出正面還是反面，你會是哪一面？當你必須做出選擇時，就要兩害取其輕。讓我們衡量上帝存在的得與失，思考兩者機率的大小。如果你贏了，贏得一切；如果輸了，也沒什麼損失。那麼不必猶豫，就賭上帝存在吧！既然贏與輸有相同的風險，贏的機會相較於有限的失敗機會，贏可以獲得無窮的快樂生活，但你所押的賭注是有限的。」

　　原　文："God is, or He is not." But to which side shall we incline? Reason can decide nothing here. There is an infinite chaos which separated us. A game is being played at the extremity of this infinite distance where heads or tails will turn up. What will you wager? Since you must choose, let us see which interests you least . Let us weigh the gain and the loss in wagering that God is. Let us estimate these two chances. If you gain, you gain all; if you lose, you lose nothing. Wager, then, without hesitation that He is. Since there is an equal risk of gain and of loss ,But there is here an infinity of an infinitely happy life to gain, a chance of gain against a finite number of chances of loss, and what you stake is finite.

　　這是帕斯卡在《沉思錄》(Pensée) 中的論述。帕斯卡知道機率乘以報酬成為期望值報酬，他將數學想法發揮在信仰上帝的問題上。其意義是，相信上帝存在將得到無窮的美好生活。你賭上帝存在。以期望值來看，如果贏了，你所得到的是無窮的一半，如果輸了，你所損失的是一個有限賭注的一半，兩者合併起來，期望值仍是無限大，那麼何不就相信呢。

什麼是期望值？

期望值其實就是平均。我們以例題來說明可以快速的理解。有 6 個球，1 號球一個、2 號球兩個、3 號球三個，抽到 1 號給 6 元，2 號給 12 元，3 號給 18 元。那麼平均抽一次會拿到多少錢？假設抽 6 次，取後放回情形，1 號、2 號、2 號、3 號、3 號、3 號，就是每個球都抽出來，每個球機率都一樣的情形。

平均抽一次獲得的錢：$(6+12+12+18+18+18) \div 6 = 14$。

以分數方式思考：

$$\frac{6+12+12+18+18+18}{6} = \frac{6}{6} + \frac{12+12}{6} + \frac{18+18+18}{6} = 6 \times \frac{1}{6} + 12 \times \frac{2}{6} + 18 \times \frac{3}{6}$$

分數就是該球的機率，期望值就是該球的價值乘上該球的機率，所以期望值就是平均。那麼既然平均的彩金是 14 元，那麼主辦方只要將彩卷金額設定在 14 元以上就不會賠錢。

以期望值方式來計算保險理賠。一年一期的意外險賠償 100 萬元，統計資料顯示意外的機率為 0.1%，則保險公司每一份保單的最低應該大於多少才不會虧損？參考表 6

表 6

	保險公司得到的金額金額	機率	期望值
沒發生意外	x	99.9%	99.9%x
有發生意外	$x - 100$ 萬	0.1%	0.1%（$x - 100$ 萬）

保險公司對於保險費的期望值至少要是 0，才不會賠錢，

$$期望值 \geq 0$$
$$99.9\%x + 0.1\%(x - 100\ 萬) \geq 0$$
$$99.9\%x + 0.1\% - 0.1\% \times 100\ 萬 \geq 0$$
$$x \geq 0.1\% \times 100\ 萬$$
$$x \geq 1000$$

所以保險費＝賠償金額 × 意外的機率，而超過的部分就是保險公司的利潤。當我們了解期望值與保險費用的計算原理後，就可以知道你買的保險其中有多少是被保險業抽走當利潤。

核四的安全性

在台灣贊同蓋核四的官員有著荒謬的言論，核電發生災害會死很多人，但機率低，所以很安全。我們來思考此問題要看期望值還是看機率，機率很低，假設是 0.001%，但是發生問題卻是近半個台灣受災，至少 500 萬人死亡，期望值是 500 萬 ×0.001% = 500，並且不只是這一代的人受影響，還有下一代。所以我們還可以認為核四安全嗎？可以用一個簡單例子來反駁這段話。被雷打到會死，但只有 1 個人，並且發生被雷打到的機率更低，假設是 0.0001%，所以期望值 1×0.0001% = 0.000001 小於 1。但大家會認為打雷時外出是不安全。那核電相較打雷產生的死人更多、機率更大，期望值更大，為什麼認為核四安全？所以我們要知道核四的安全性不是看機率而是看期望值。

5-9 **統計（五）：回歸線**

　　我們定價格的時候或是預測股市、房市走向時，我們需要更有邏輯的推測。先觀察某筆資料的數據，以點來表示，見圖 42。可發現點分布在一條線的周圍，這條線可利用數學計算出來，用來預測點趨勢，這條線就稱為回歸線，見圖 43。同時可看到點分散在回歸線的周圍，我們可以計算分散程度，稱為相關係數，相關係數數值絕對值在 0 到 1 之間。小於 0.7 代表太分散，預測的線無法利用，見圖 44。大於 0.7 代表較緊密，預測的線可以利用，見圖 45。

　　而為什麼要叫回歸線，而不叫預測線？這個名詞要由歷史來看，它不是從最後的意義來命名。在 1877 年英國生物學家查爾斯 • 達爾文 (Charles Robert Darwin) 的表弟，法蘭西斯 • 高爾頓 (Francis Galton) 是一名遺傳學家，見圖 46。他研究親子間的身高關係，發現父母的身高會遺傳給子女，但子女的身高卻有「回歸到人身高的平均值」的現象。最後做出統計的數學方程式，用來預測身高，而此線就稱為「回歸線」。

　　回歸線在現代統計、計量經濟上是非常重要的推論工具，此統計工具稱為回歸分析。在廣義線性模式 Generalized linear model(GLM)，回歸線不只是有直線，也有指數型、對數型、多項式型、乘冪型、移動平均型，而這些在微軟的文書軟體 Excel 中，將數據做成散布圖後，加上趨勢線（Excel 的翻譯稱為趨勢線），可選不同類型的趨勢線，見圖 47。當我們得到趨勢線後有助於分析情形。

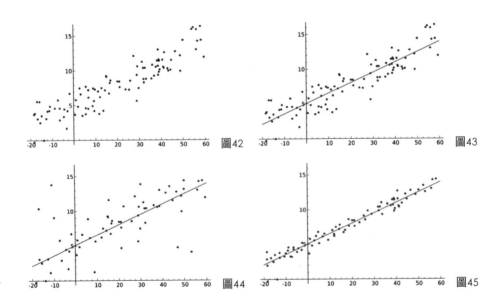

圖46：高爾頓肖像

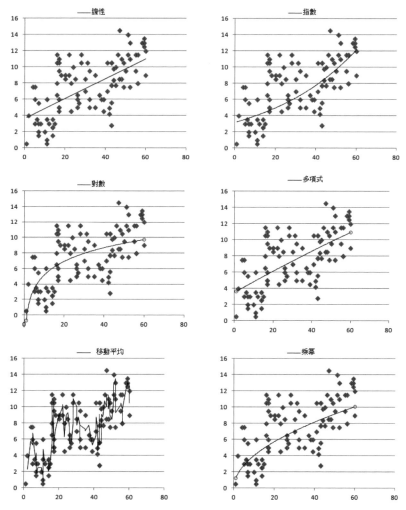

圖47：各種趨勢線

5-10 一定當選的票數怎麼算

　　選舉常會看到，至少達到幾票就確定一定當選，但是如何算的呢？過半數當然一定會選上，可是常看到還沒過半，也確定一定當選。其實是用到 2 個觀念，一個是不等式、一個是鴿籠原理，見表 3。可發現，至少有一個鳥巢會有 x 隻鳥以上的計算式：x ≧ 鳥數 ÷ 鳥巢。

　　例題 1：7 隻鳥飛到 3 個鳥巢，是怎樣的情形？每一個鳥巢先飛進 2 隻鳥，還會多出一隻鳥；所以一定會有一個鳥巢有 3 隻鳥以上。觀察全部情形：括號內代表鳥的數字，（鳥巢 A, 鳥巢 B, 鳥巢 C）：(7,0,0)、(6,1,0)、(5,2,0)、(5,1,1)、(4,3,0)、(4,2,1)、(3,3,1)、(3,2,2)，這 8 種情形都有一個鳥巢有 3 隻鳥以上。

　　計算式：a 隻鳥、b 個鳥巢，至少有一個鳥巢會有 x 隻鳥以上，$x \geq \dfrac{a}{b}$ 。

鴿籠原理與選舉

　　如何利用鴿籠原理計算最低當選票數。將**沒當選的人數綁成 1 組，當選的人數＋沒當選的人數綁成 1 組＝鳥巢數**。

例題 2：現在有 10 個候選人，選出 1 個來當立委，總票數 1000，至少要幾票才會當選？

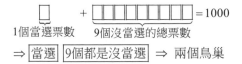

就是 1000 隻鳥飛到 2 個鳥巢，1000÷2＝500，所以一定有一個鳥巢會 500 隻鳥以上，所以當選（鳥巢）要大於 500 票，至少要 501 票才當選，要不然 2 個 500 票，其他 0 票不確定獲勝的人，見表 4。

例題 3：現在有 10 個候選人，選出 2 個來當立委，總票數 1000，至少要幾票才會當選？

　　就是 1000 隻鳥飛到 3 個鳥巢，1000÷3＝333.3，沒有小數的票，自動進 1 就是確定能上的票數，所以一定有一個鳥巢會 334 隻鳥以上，所以當選的人（鳥巢）至少要 334 票才當選，不然 2 個 333 票、有一人是 334 票、其他 0 票，拿 333 票不確定獲勝。見表 5。

　　結論：最低當選票數的計算式：總票數 ÷（幾個當選人＋1） ＜確定當選票數。

表 3：鴿籠原理（□表示鳥巢，r 是鳥）

3 隻鳥飛到 2 個鳥巢： 　　每一個鳥巢先飛進 1 隻鳥，還會多出一隻鳥； 　　所以一定會有一個鳥巢，有 2 隻鳥以上。	r r r
今天有 n + 1 隻鳥，n 個鳥巢： 　　每一個鳥巢先飛進 1 隻鳥，還會多出一隻鳥； 　　所以一定會有一個鳥巢，有 2 隻鳥以上。	r r … r r n 個鳥巢
5 隻鳥飛到 2 個鳥巢： 　　每一個鳥巢先飛進 2 隻鳥，還會多出一隻鳥； 　　所以一定會有一個鳥巢，有 3 隻鳥以上。	r r r r r
今天有 2n + 1 隻鳥 n 個鳥巢： 　　每一個鳥巢先飛進 2 隻鳥，還會多出一隻鳥； 　　所以一定會有一個鳥巢，有 3 隻鳥以上。	r r … r r r　 r r n 個鳥巢

表 4

候選人	A	B	C	D	E	F	G	H	I	J
票數	500	500	0	0	0	0	0	0	0	0

表 5

候選人	A	B	C	D	E	F	G	H	I	J
票數	334	333	333	0	0	0	0	0	0	0

「繪畫的目的，讓看不見、看的見。」

保羅克利 (Paul Klee)，1879 － 1940 德裔的瑞士籍畫家。

「音樂能激發或撫慰情懷，繪畫使人賞心悅目，詩歌能動人心弦，哲學使人獲得智慧，科學可改善物質生活，但數學能給予以上的一切。」

莫里斯 · 克萊因 (Morris Kline)，1908 － 1992，

美國數學史學家、數學哲學家、數學教育家。

圖片，紅氣球，取自Wiki共享。作者，保羅克利。

第六章
現代時期

6-1 **扭曲的鐵路地圖**

早期世界倫敦地鐵地圖是用真實地圖，然後畫上各顏色的鐵路，見圖 1。在 1930 哈利貝克 (Harry Beck) 創造出，只看相對位置的地鐵圖，看起來就像是被扭曲的地圖，見圖 2。

這種地圖對看圖有著極大的便利，並大大縮減製圖的方便性、時間性，紙張的有效利用。這種將路線圖任意延展、縮小，保留交點的位置的正確性，這種概念的利用不限於地圖上，在電路圖上也能應用，並且可應用在生物上等等。而這門概念在數學上的研究，產生新的學問稱為拓樸 (Topology)。「對於拓樸學者來說，咖啡杯跟甜甜圈是一樣的結構，都是內部有一個空洞。」見圖 3。

拓樸學的起源：可以推到更早歐拉 (Euler, 1707-1783) 的時代，歐拉研究七橋問題：在所有橋都只能走一遍的前提下，如何才能把這個地方所有的橋都走遍？為了方便起見將圖案變形，參考圖 4 至圖 6，最後變成可不可以一筆畫完的問題。最後結論是無法一筆畫完，而這種變形的概念就是拓樸。拓樸對於自然界中也有著高度的相關性，也是研究宇宙空間的重要理論。

拓樸學不只用在數學上，在網路上也使用到此結構性質。稱作：網路拓樸，指構成網路的成員間特定的排列方式。如果兩個網路的連接結構相同，我們就說它們的網路拓樸相同，儘管它們各自內部的物理接線、節點間距離可能會有不同。網路的拓樸可分為以下種類：1. 點對點 (Point-to-point)。2. 匯流排拓樸 (Bus)。3. 星狀拓樸 (Star)。4. 環狀拓樸 (Ring)。5. 網狀拓樸 (Mesh)。6. 網狀拓樸 (Fully Connected)。7. 樹狀拓樸 (Tree)。8. 混合式拓樸 (Hybrid)。9. 菊花鏈拓樸 (Daisy Chain)。10. 線形拓樸 (Linear)。以下的網路連結構如圖。各自有各自的優缺點，應用在不同的情況，來達到資料保護的作用與傳輸便利性。

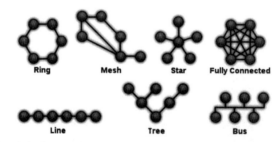

數學的研究總是在初期是不容易看不出所以然來，但是常會在未來的某一時期，就被有效拿來利用。

小博士解說

我們在火車內、或車站中，不大需要方向感，僅需要知道站與站的關係，也因此我們捷運圖可以任意拉扯、縮放、變形，放在我們想要的物體上，如悠遊卡、書籤。

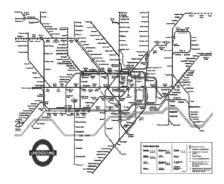

圖1

圖2

圖3，取自WIKI

圖4

圖5

串這個字在寫法上是很多筆畫，但在七橋問題的角度上，可以一筆完成，見圖7。

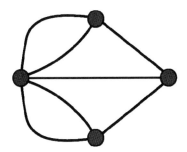

圖6，取自WIKI，CC3.0

圖7：取自WIKI

6-2 **數學與音樂（二）**

創作層面

音樂創作過程和數學的演繹思考過程很類似，這過程中智性的渴望和美感的需求交織在一起，努力尋找最適切的旋律，和聲，規則與合乎內在邏輯的表達樣式。一般而言，音樂和數學創作都源自一個抽象概念，音樂上稱為動機 (motif) 或樂想，數學上就是猜測 (conjecture)。從這個起點開始，音樂家思索最佳的曲式將原始動機展開成完整的樂章，這個抽象的歷程與數學家探索各種形態並以演繹推理來證明或反證原本猜測的心路歷程完全相同。例如，17 世紀音樂家巴哈 (J・S・Bach) 的賦格音樂就深具數學形態的結構和變化。巴哈大部分作品在旋律及節奏上都依循嚴謹的對法與和聲規則，因此聆聽者在感受到巴哈音樂之美的同時，也深刻體會到巴哈音樂特有的數學結構之美。

到了二十世紀，由於電子音樂的發明，作曲家的表現手法有了更多的可能性：樂器不只局限於傳統樂器，聲音的表現也不再局限於演奏者，因而產生了很多革命性的創作，而且，很多音樂創作都引用了數學處理抽象概念和結構的方法。其中最有代表性的音樂家是伊阿尼斯．澤納基斯 (Iannis Xenakis)，他認為作曲就是將抽象概念的樂想加以具體化並賦予合理結構的創作過程。他率先使用統計學，隨機過程及群論的數學概念在他的創作，例如，為大提琴獨奏而作的 Nomos Alpha 就用了群論的結構，芭蕾舞劇 Pithoprakta 的配樂則使用了統計方法。

此外，由於電子音樂及電腦音樂的技術在過去三十年突飛猛進，使得音樂創作增添了更多面向。其中很重要的面向是空間化 (Spatialization)：傳統音樂因受限於演奏者，樂器及演奏空間，所呈現出的音樂有一定的回音，個別回音讓我們感受到音樂所存在的空間大小，聲音行進的方向等等。然而，使用數學方法（數位信號處理技術），我們可將音樂的回音部分修改成我們想要的空間感。現代很多電影音樂也都採用這類技術以達成所要的音效。德國作曲家史托克豪森 (Stockhausen) 是其中的佼佼者，他的作品都有強烈的空間感。

從上述的實例我們可以發現到：作曲家在創作過程中都有意識 (如 Xenakis) 或無意識 (如 Bach) 地採用數學方法使音符「歸序」藉以正確表達他們所要傳達的音樂情感。事實上，這一點也不奇怪，畢竟，音樂和數學一樣，都必須掌握抽象概念並盡可能正確，精準地表達出來。

呈現層面

音樂和數學一樣，都需要一套比日常語言更精準，更邏輯的符號系統才能正確呈現出來。在音樂，這套系統稱為樂譜（五線譜），在數學，這套系統就是一大堆希臘字母及怪異的數學符號。但是，五線譜不等於音樂，必須被演奏出來，使聆聽者「聽到」才是音樂。同理，數學符號也不等於數學，也需要被「演奏」，才能呈現它的意

涵。然而，音樂和數學在呈現方式上有很大的不同，舉例說明：大多數人都有到 KTV 唱歌的經驗，聽到音樂就可跟著唱，根本不必看得懂五線譜。為什麼呢？因為音樂除了五線譜之外，還有已被演奏出的音樂讓我們聽得到，所以能夠跟著唱。至於數學，它的「演奏出的音樂」在哪裡？請見圖8。

如何「演奏」出數學的音樂使得學習者能經由數學符號**聽到**或**看到**數學的內涵？這正是目前數學教育最大的缺陷：從小到大的數學教育花了 90% 以上的時間在技巧及解題（看樂譜、學樂理、做和聲習題），至於數學的音樂部分（數學的內容、美學、歷史）幾乎完全不存在。你能想像音樂教育只教樂理和技巧，而聽不到音樂嗎？

數學教育的現狀正是如此，難怪大多數學生厭惡數學！一般數學教育的看法認為數學在各領域的應用就是數學的內容，這種看法充分顯現在教材的設計，譬如說，教到一元二次方程式之後，舉例說明它在物理學上的應用，就等於交待了數學內涵。

事實上，數學內涵遠超過數學應用，數學如果僅僅被理解成有用的學問，完全不提它的美學內涵，就一點也不有趣了。再以音樂為例，你能想像音樂教學僅限於電影配樂，背景音樂嗎？因此，數學教學的最大挑戰就是有沒有方法可以使學習數學如同學習音樂一樣，**聽到**或**看到**數學的內涵？

歸納我多年的觀察及個人經驗，發現到天生數學好的人多半都有意識或無意識地為自己找到一套可以「看到」數學的方法，自我補足了制式教育的缺口。事實上，許多數學家，就是有各自的方式將抽象概念轉為具體圖像，這種能力是想像力的一種，他們有心靈的眼睛，**看得見數學。**這些方法一般人可以作到嗎？在二十世紀的今天，我們很幸運，拜現代科技之賜，能夠經由電腦的幫助，讓我們「看到」數學。在電腦問世之前，我們只能用想像力；但現在，有了電腦，能夠把幾乎所有的方程式畫出來，使我們「看到」數學。「**讓看不見的東西看得見 (Making the invisible visible)**」，這句話是二十世紀巴浩斯 (Bauhaus) 表現派畫家保羅‧克利 (Paul Klee) 的名言。

繪畫就是要讓看不到的東西看得見。同樣地，藉由電腦，我們可使看不見的抽象概念看得見：**看到數學，聽到推理的音樂。**

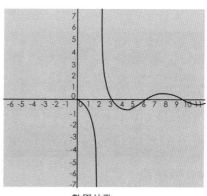

$$f(x) = \frac{\sin(x)\sqrt{x}}{(x-2)}$$

數學的譜　　　　　　　　數學的歌

圖8

6-3 **數學與藝術（二）：碎形**

我們可知英國海岸線長度，地圖越精細就越長，甚至可視為無限長。見圖 9

1. 找 8 點，都距離 200公里，英國海岸線長 1600 公里。

2. 找 19 點，都距離 100公里，英國海岸線長 1900 公里。

3. 找 58 點，都距離 50 公里，英國海岸線長 2900 公里。

4. 目前的公布的英國海岸線為 1,2429 公里。

1967 年法裔美國學者本華 · 曼德博 (Benoit Mandelbrot) 研究這邊的此種性質，提出碎形 (Fractal) 理論。認為碎形主要具有以下性質：

1. 具有精細結構。

2. 具有不規則性。

3. 具有自我相似。

接著我們來觀察許多碎形的藝術，以及大自然中的碎形結構。見圖 10 至圖 19。所以我們可以認知到大自然是用數學編寫出來。但到現在並沒完整的數學工具來處理碎形的問題。

圖 9

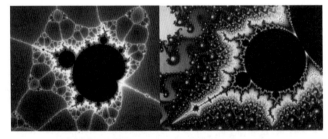

圖10、11：電腦繪製碎形圖

顏色可參考此連結：http://en.wikipedia.org/wiki/Benoit_Mandelbrot

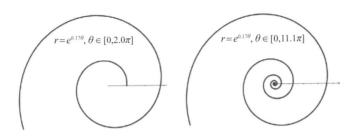

$$r = e^{0.17\theta}, \theta \in [0, 2.0\pi]$$

$$r = e^{0.17\theta}, \theta \in [0, 11.1\pi]$$

圖12：自然界常見的黃金比例螺線。

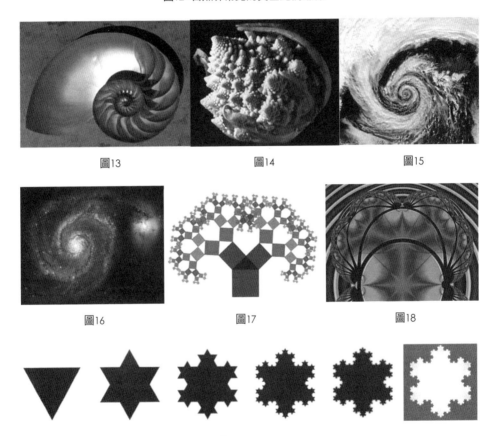

圖13

圖14

圖15

圖16

圖17

圖18

圖19：雪花的結構、都是邊長$\frac{1}{3}$位置再作一個三角形，也是碎形的結構。

圖13：鸚鵡螺，來自WIKI，作者Chris73，cc3.0
圖14：羅馬花椰菜，來自WIKI共享資源，作者Jon Sullivan
圖15：熱帶低氣壓（風力八級以上為颱風），來自WIKI，出自NASA
圖16：宇宙，來自WIKI，出自NASA 及 ESA
圖17：碎形樹
圖18：碎形拱門

6-4 **數學與藝術（三）：費氏數列與碎形、黃金比例**

費波那契 (Fibonacci) 觀察兔子生長數量情形，假設幾個條件：
1. 第一個月有一對小兔子，一公一母
2. 第二個月長大變中兔子
3. 第三個月具有生殖能力的大兔子，往後每個月都會生出一對兔子。
   生出新的一對兔子，也是一公一母，
4. 兔子永不死亡
可得到圖 20。

將每一個月的兔子數量，以一對為單位，得到了 1、1、2、3、5、8、13... 的數列。此數列稱為費氏數列。觀察植物葉片數量，也是 1、1、2、3、5、8、13、... 的數量，來加以成長，猜測是因為養分與生長週期，如同兔子繁殖的原理一樣，假設成長週期為一週，每週變化一次：1. 第一週為新生小葉片；2. 第二週為成長中的中葉片；3. 第三週為提供養分的大葉片。費波那契認為此數列與數學有關，因為從第三個數字開始，每一個數字都是前兩個數字的和，式子為 $a_n = a_{n-1} + a_{n-2}$，是遞迴式的形態。

此數列除了與大自然生命繁衍相關外，還與黃金比例有相關？費氏數列的數字到後面，會呈現特殊的比例性質：$\dfrac{a_n}{a_{n-1}} = 1.618$。而這個比例的數字恰巧與黃金比例的數值相等，所以黃金比例的確在大自然中是一個神奇且重要的數字。

推導 $\dfrac{a_n}{a_{n-1}} = 1.618$，當 n 趨近無限大，數列 $a_n = a_{n-1} + a_{n-2}$，相鄰兩項 $\dfrac{a_n}{a_{n-1}}$、$\dfrac{a_{n-1}}{a_{n-2}}$ 的比值會很接近。即 $\dfrac{a_n}{a_{n-1}} = \dfrac{a_{n-1}}{a_{n-2}} = x$。令 $\dfrac{a_{n-1}}{a_{n-2}} = x = \dfrac{rx}{r} \Rightarrow \begin{cases} a_{n-1} = rx \\ a_{n-2} = r \end{cases}$。又因 $a_n = a_{n-1} + a_{n-2}$，所以得到 $a_n = rx + r$。所以帶入計算後，

$$\frac{a_n}{a_{n-1}} = \frac{a_{n-1}}{a_{n-2}} \Rightarrow \frac{rx+r}{rx} = \frac{rx}{r} \Rightarrow \frac{x+1}{x} = \frac{x}{1} \Rightarrow x = \frac{1+\sqrt{5}}{2} \Rightarrow x \doteq 1.618$$

費氏數列除了與黃金比例有關外，還與碎形有關。觀察兔子繁殖圖，見圖 12，可從圖 21 發現具有碎形幾何的自我相似性質，發現圖案變化很規律，都是從 s 變 m 再變 b，並且 b 下面會再連上一個 s，根據這變化不斷重複；這是碎形幾何的自我相似性質，每一個區塊都會看到相似的地方，每一種的延伸變化，在右邊或下面延伸，都會再次出現，如同複製的感覺。

而這正是大自然界最常看到的現象，所以當觀察大自然現象時，也是充滿數學。碎形的圖案有蕨類、樹、向日葵、雪花、宇宙等的圖案，處處都能看見。到處都是自我相似的圖案，處處都充滿著黃金比例、處處充滿著數學。

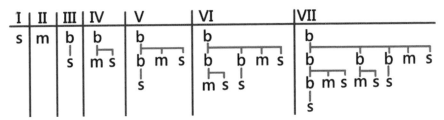

圖20：線條代表親屬關係、羅馬數字代表月份。
s：代表剛出生的小兔子、
m：代表正在長大的中兔子
b：代表具生殖能力的大兔子。

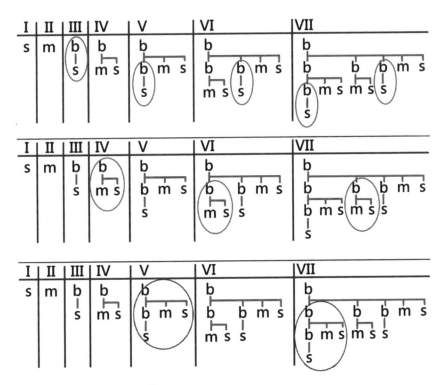

圖21：圈起來部分都是相同的

6-5 **特殊的曲線（三）：貝茲曲線**

在微軟作業系統中的繪畫工具－小畫家的曲線工具，是如何畫出曲線的，它的原理與由來是什麼？我們先看看小畫家如何畫曲線，圖中的曲線有號碼順序，0 是起點、最大數值是終點、數字的順序是方向，見圖 22。

曲線的原理是由 1962 年法國工程師皮埃爾 · 貝茲（Pierre Bézier）設計汽車的曲線，徒手繪畫的感覺不盡理想，為了使車子看起更為自然平順，並更具有美觀性，他利用數學概念來做出一個特別的曲線，稱做貝茲曲線，見圖 23 至圖 27。

一個控制點：$B(t) = (1-t)^2 P_0 + 2t(1-t)P_1 + t^2 P_2$ ，$0 \leq t \leq 1$ ，見圖 23。

兩個控制點：$B(t) = (1-t)^3 P_0 + 3t(1-t)^2 P_1 + 3t^2(1-t)P_2 + t^3 P_3$ ，$0 \leq t \leq 1$ ，見圖 24。

貝茲曲線可以做得相當複雜，可以到無限多個控制點。三個控制點，見圖 25。

以及我們也可看到繪圖軟體 Photoshop 的鋼筆工具是用貝茲曲線的應用。我們的許多字體也有應用到貝茲曲線。此網站可以體驗貝茲曲線的藝術文字設計：http://shape.method.ac/?again，所以數學可以描繪出許多更漂亮精緻、自然的曲線，**並且動畫的移動路線，如兔子的奔跑，就是以此線得出移動。**

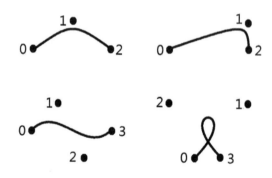

圖22：數字是操作的順序

小博士解說

現在的電腦繪畫、動畫，要讓影像更生動、更自然，都是利用數學方程式。

其中包括了移動，背景的風的細微影響、不同光源從不同角度的變化，這些從人力上來畫都是相當困難的，但由電腦卻可以輕易的達成。

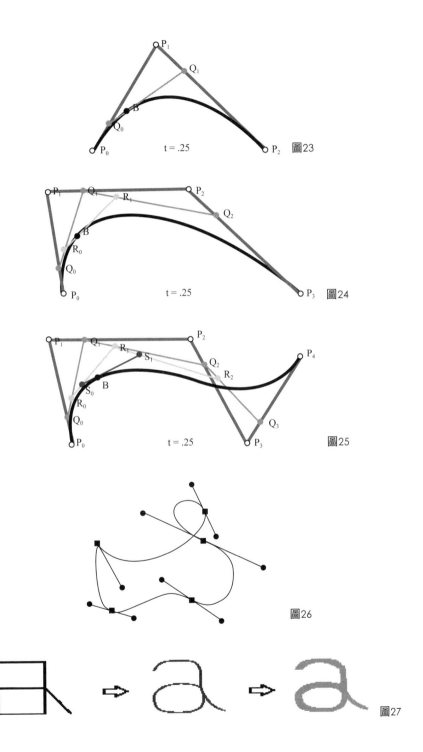

P_1

Q_1

B

Q_0

P_0 t = .25 P_2 圖23

P_1 Q_1 R_1 P_2

Q_2

B

R_0

Q_0

P_0 t = .25 P_3 圖24

P_1 Q_1 R_1 S_1 P_2

Q_2 P_4

R_2

S_0 B

R_0

Q_0

P_0 t = .25 Q_3

P_3 圖25

圖26

圖27

6-6 **現代應用（一）：質數**

質數可以幹什麼？

1. 可以拿來當一組密碼，當我們把 2 個很大的質數相乘，得到一組數字，再把那組數字發送給對方，對方可以利用對照表，得到發送過來的意思。比如，143 是 11×13，對方去查 11×13 代表的字或是句子，進而做到保密效果，而現在常用的電腦壓縮檔，也是利用這套模式來運行。

2. 生物研究發現，若使用殺蟲劑的次數是質數，可達到一個最佳的效果。

3. 在飛彈、魚雷的時間變化上，使用質數的間隔，比較不容易抓到它的規律。

4. 齒輪咬合配對用質數組合，比較不會損壞。見圖 28 因為齒輪咬合不用質數組合的話，使用一段時間後，開始用最小公倍數重複規律咬合（類似天干地支），我們可以看到它們的循環，是 1a、2b、3c、4d 周而復始咬合到的都會是一樣的組別，如果今天 1 號特別硬，是不是很快速的磨損 a 的齒，而如果某一個齒有瑕疵，這樣瑕疵的齒容易損壞，或是因為瑕疵的齒，使對應的齒容易損壞。如果我們選一個 4 齒、一個 5 齒，來看它們的組合，

1a、2b、3c、4d		第一循環
1e、2a、3b、4c		第二循環
1d、2e、3a、4b		第三循環
1c、2d、3e、4a		第四循環
1b、2c、3d、4e		第五循環
1a、2b、3c、4d		重複第一循環

這樣我們就可以將磨損平均分擔到每一齒上，而不是單獨某一齒壞了，而整個齒輪壞掉。

如何找質數

希臘數學家埃拉托賽尼 (Eratosthenes) 用「刪去法找質數」，見表 1 至表 4。

第一步：1 是任何數的因數不是質數，刪去。

第二步：從數字 2 開始，除 2 以外，把 2 的倍數上色。見表 1。

第三步：數字 3，除 3 以外，把 3 的倍數上色。見表 2。

第四步：數字 4 已經被上色不處理，是 2 的倍數，數字 5，除 5 以外，5 的倍數都上色，見表 3。以此類推，未上色的都是質數，被重複上色的是別人的公倍數。見表 4。

表 1

1	2	3	4	5	6	7	8	9	10
11	12	13	14	15	16	17	18	19	20
21	22	23	24	25	26	27	28	29	30
31	32	33	34	35	36	37	38	39	40
41	42	43	44	45	46	47	48	49	50
51	52	53	54	55	56	57	58	59	60
61	62	63	64	65	66	67	68	69	70
71	72	73	74	75	76	77	78	79	80
81	82	83	84	85	86	87	88	89	90
91	92	93	94	95	96	97	98	99	100

表 2

1	2	3	4	5	6	7	8	9	10
11	12	13	14	15	16	17	18	19	20
21	22	23	24	25	26	27	28	29	30
31	32	33	34	35	36	37	38	39	40
41	42	43	44	45	46	47	48	49	50
51	52	53	54	55	56	57	58	59	60
61	62	63	64	65	66	67	68	69	70
71	72	73	74	75	76	77	78	79	80
81	82	83	84	85	86	87	88	89	90
91	92	93	94	95	96	97	98	99	100

表 3

1	2	3	4	5	6	7	8	9	10
11	12	13	14	15	16	17	18	19	20
21	22	23	24	25	26	27	28	29	30
31	32	33	34	35	36	37	38	39	40
41	42	43	44	45	46	47	48	49	50
51	52	53	54	55	56	57	58	59	60
61	62	63	64	65	66	67	68	69	70
71	72	73	74	75	76	77	78	79	80
81	82	83	84	85	86	87	88	89	90
91	92	93	94	95	96	97	98	99	100

表 4

1	2	3	4	5	6	7	8	9	10
	2	3		5		7			
11		13				17		19	
		23						29	
31						37			
41		43				47			
		53						59	
61						67			
71		73						79	
		83						89	
						97			

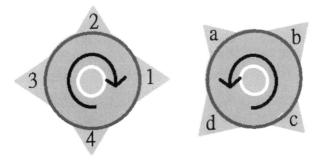

圖28

6-7 現代應用（二）：三角函數與通訊

　　17 前半世紀，物質世界的描述非常需要用到數學。尤其在力學，航海學的「振動」與「波動」的現象，急需有效的數學工具來分析。三角函數是分析所有波動現象的必要工具。那麼什麼是「波動」呢？從物理特性而言，波動的形狀應有下列特性：有波峰，有波谷並且相同的曲線一再重複。「一再重複」的函數稱為週期函數 (Periodic Function)。所謂週期，就是函數曲線重複一次時，其相對應的時間長度。以正弦函數而言，每隔 2π 重複一次，因此是週期為 2π 的週期函數。見圖 29、圖 30。

　　事實上，自 17 世紀以來直到現在，所有的生活層面，任何和熱傳導、電波、聲波、光波有關的事物，都是以三角函數作為分析及設計的基本工具。同時近代的通訊及傳播系統從電話、電視、廣播、網際網路、MP3、GPS 定位系統都是廣義三角函數的應用。為什麼稱為波形？因為就如同水波、繩波一樣，上下震盪波動。如：漣漪，見圖 31。接著介紹其他生活上的波形。

　　1. 傳聲筒：小時候都玩過杯子傳聲筒，拉緊後就可以傳遞聲音，講話的時候可以看到繩子有振動，而那振動就是一種波形，只是傳的太快看不清楚，聲波的圖案就是三角函數的週期波，見圖 32。

　　2. 電話、網路：通訊的原理也是建立在三角函數上，將說話者的聲音紀錄成三角函數，傳到另一端，然後再次轉換成聲音輸出。電波、電子訊號也是如此，不過多了一個階段先送去衛星，再送到另一端。科技的發達可有效的傳遞得更清晰完整，並且降低雜訊。觀察訊號的波動。見圖 33、圖 34、圖 35

　　通訊的傳遞電波概念，就是接收電波的頻率，如收音機能調整頻率來接收電波。工程師從示波器觀察波形，而後用頻譜儀分析頻率的組成，最後得到三角函數組成的波形，再將此波形轉譯成聲音。以上的動作如同密碼學的代碼查詢。我們可以看看以下例子可以更清楚通訊的概念。

1. **荒島的燃煙信號 - 視覺：**荒島上燃燒物品製造濃煙，這對空中經過、海上經過的人就是一種信號，濃煙就是有人在求救。
2. **中國長城的狼煙信號 - 視覺：**不同的顏色的煙代表不同的意思，如敵人來襲、集合等等。
3. **夜晚的港口燈塔燈號 - 視覺：**用明暗交替的時間差來代表其意義。
4. **行軍間的旗語 - 視覺：**由專門的人打出旗語，另一端觀察，並翻議其意義，並打出回復的旗語。
5. **摩斯電碼 - 聽覺：**利用長短音與暫停，代表字母，達到傳遞訊息與保密。
6. **通訊信號 - 電波：**發送端，將圖案或是聲音用三角函數紀錄下來，以波動的形式發送出去，也就是電波，接收端收到一連串的波動後，將波動還原成三角函數，再還原成圖案或是聲音。

總結：

　　通訊的概念就是用三角函數來紀錄電波，以及大量微積分運算和傅立葉轉換才能正確傳送與接收。同時 1. 因為檔案過大，所以檔案需要壓縮，2. 傳遞途中會產生一些雜訊，接收端需要想辦法除去雜訊，才能得到更清晰的聲音品質。檔案的數位化動作（壓縮與清晰）需要用到三角函數的微積分，所以說三角函數對現代通訊以及數位化是非常重要的。

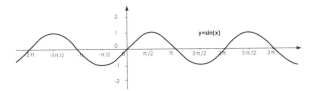

圖29：為典型週期函數（振動波形），這類波動圖形在物理，自然世界非常普遍。

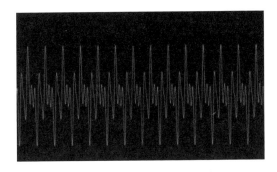

圖30：sin(x)與典型週期函數比較，雖然都是週期函數，然而典型週期函數的波形看來比正弦波形複雜多了，因為是由多個三角函數組成的合成函數

圖31：漣漪截面圖就是波形，而這波形就是y=sin(x)

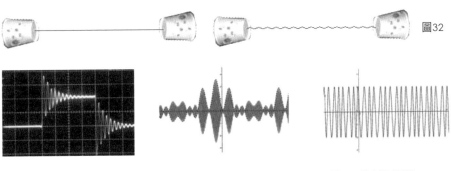

圖32

圖33：電波

圖34：典型的調幅(AM)
$$S_a(t) = (A + Ms(t))\sin(wt)$$

圖35：典型的調頻(FM)
$$S_f(t) = A\sin(wt + IS(t))$$

6-8 現代應用（三）：傅立葉級數與濾波

　　1768 年－ 1830 年法國數學家約瑟夫・傅立葉男爵 (Joseph Fourier)，研究熱傳導理論與振動，提出傅立葉級數，傅立葉變換也以他命名。他被歸功為溫室效應的發現者。傅立葉在數學上有很多最大的貢獻，其中一個是傅立葉級數。

　　傅立葉級數：任何周期函數可以用正弦函數和餘弦函數構成的無窮級數來表示。傅立葉級數在數論、組合數學、訊號處理、機率論、統計學、密碼學、聲學、光學等領域都有著廣泛的應用。而我們生活上最重要的就是要過濾雜訊，以利通訊，過濾雜訊被稱為濾波。如何濾波，先認識訊號合成，在單元 6-7 已經知道訊號是由三角函數構成，而一連串的訊號就是三角函數的相加，先觀察圖 36、圖 37 四個函數三角函數的相加。可以觀察到合成後的波形，及頻譜。

　　我們觀察到的波形都是合成後的結果也就是中間的圖，可以看到最右邊的頻譜圖，能觀察到它是由哪些函數組成，f 是函數的頻率也就是自變數部分，u 則是函數的振幅也就是係數。當我們得到各函數內容後就能得到對方要給的訊息。

　　但是實際上不會有這麼乾淨漂亮的波形，而是會有雜訊出現（白色雜訊與紅色雜訊），見圖 38，當我們濾掉雜訊後就能方便解讀有哪些函數構成。而過濾雜訊的動作需要利用到傅立葉級數。我們必須知道現代通訊建立在傅立葉級數上，我們生活中處處都有數學。

　　傅立葉級數在數論、組合數學、訊號處理、機率論、統計學、密碼學、聲學、光學等領域都有廣泛的應用。而傅立葉不只是在以上領域有貢獻，他所導出的**傅立葉變換**也在物理學、聲學、光學、結構動力學、量子力學、數論、組合數學、機率論、統計學、信號處理、密碼學、海洋學、通訊、金融等領域都有著廣泛的應用。例如在信號處理中，傅立葉變換的典型用途是將信號分解成頻率的分布。所以由以上可知，數學是一切科技的基礎。

小博士解說

　　早期電話訊號常受到其他人的訊號干擾，有時還會微微聽到樓下或隔壁的電話內容，但近年來濾掉雜訊的能力變強，現在已經不會再受到太多雜訊的干擾。

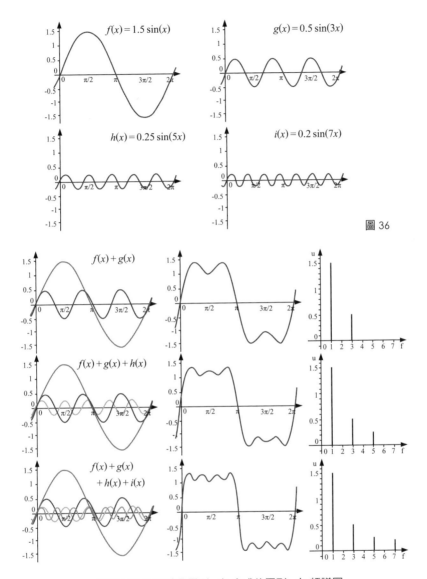

圖37：左-函數重疊圖形、中-合成後圖形、右-頻譜圖

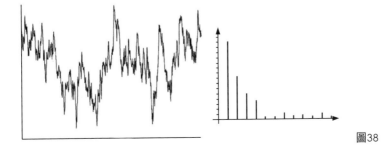

圖38

6-9 現代應用（四）：為什麼風車大多是三個葉片？

　　我們看過很多種風車，有三葉、四葉、很多葉片的，特殊造型的，而風車的功能是什麼？早期利用風轉動軸心幫助磨坊提供動力，近代是風力發電的重要工具。同時也有相關的變形設計：風向計，可測量風向。並且我們也可從風車轉動的速度來判斷風力的強弱。先欣賞各式各樣的風車圖，見圖 43 至圖 49。

　　葉片的數量到底如何決定的呢？取決於重量、材質、大小、重心等等。

　　重量：我們知道風吹到葉片上，風車會轉動，葉片在軸心上，轉動的軸心承受重量是有限的，所以葉片的重量需要控制。

　　材質：我們知道轉動越快，產生的能量越大，而葉片受力面積越大，就能轉越快，但是受力強度取決於風車葉片的材質，否則會斷裂，所以葉面的數量與材質有關。

　　大小：葉片太大片受力面積太大會斷裂，但如果做小片，在製作上越小的葉片越不容易製作，所以無法做到太多葉片，而且受力太強問題的解決方法是葉片做成狹長形。

　　重心：偶數片不易調整旋轉中心，如四葉片在調整重心時是只有四個方向，每一片的另一個方向都與對應另一片重複了。而三葉片有六個方向，可調整。

　　所以奇數葉片可方便停整，這邊調整的概念與**向量**有關。

結論：

　　風車的設計與數學及物理息息相關不管是在向量上、還是在力學上。所以可以在生活中看到許多數學應用。利用數學原理製作的風車，得到了綠色能源，同時不只是在風力上，還有水車與水力發電、潮汐發電，也是相同的製作原理。

小 博 士 解 說

　　弓箭的箭羽，為了有最好的飛行速度與平衡，近代設計改為 3 羽，見圖 50，這也是向量的應用。

水平軸風車

圖43：丹麥西海岸法諾島上的
荷蘭型風車，圖片取自WIKI，
CC3.0，作者Cnyborg

圖44：加拿大魁北克風車山莊，圖片取自WIKI，
CC3.0，作者Gzhao

垂直軸

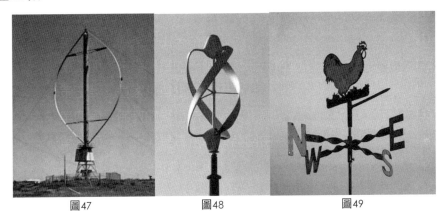

圖47　　　　　　　圖48　　　　　　　圖49

圖47：垂直軸風車，圖片取自WIKI共享
圖48：垂直軸風車，圖片取自WIKI，CC3.0，作者Grostim
圖49：風向計，圖片取自WIKI，CC3.0，作者Nevit

圖50

6-10 **現代應用（五）：矩陣與動畫**

　　電腦動畫，是電腦藉助數學的矩陣概念來製作。電腦的普及和強大的功能革新了動畫的製作和表現方式。可以分為二維動畫和三維動畫兩種。二維動畫也稱為 2D 動畫。藉助計算機 2D 點陣圖或者是向量圖形來創建修改或者編輯動畫。製作上和傳統動畫比較類似。許多傳統動畫的製作技術如漸變，變形等。一些可以製作二維動畫的軟體有包括 Flash、After Effects、Premiere 等，迪士尼在 1990 年代開始以電腦來製作 2D 動畫。三維動畫也稱為 3D 動畫，幾乎完全依賴於電腦製作。著名的 3D 動畫工作室包括皮克斯、藍天工作室、夢工廠等。軟體則包括 **3Ds Max、Blender、Maya、LightWave 3D、Softimage XSI 等**。

　　矩陣是向量組成。矩陣充斥在我們的生活之中，最常見的就是利用在動畫影片中。可參考以下影片，https://www.youtube.com/watch?v=_IZMVMf4NQ0。由影片中我們可以看到**胡迪圖案的移動，縮放，旋轉**，其實都是**圖片經過矩陣的變換到達下一個位置**。並且矩陣也可以解決方程組的問題，乃至於到更高階的計算問題。但我們在此小節主要認識矩陣對於圖案的作用。

　　矩陣是如何讓圖案改變位置變成動畫？先了解動畫概念的演進，在資訊爆炸的年代，可以知道迪士尼早期的動畫是類似快速翻頁圖片想法，也就是上一頁與下一頁只差細微動作，一秒放入 20 張，然後連續播放，也就是一秒要 20 影格的概念，為什麼一秒放 20 張，因為人的眼睛可以區分 1/20 秒的變化（**註：動物可以看得更細膩，如老鷹可以看到 1/60 秒。**）到現代，電腦將部位各自獨立成為一個區塊。參考此連結，可看到恐龍的各部位：http://plus.maths.org/content/its-all-detail、或是參考 WIKI 的臉部示意圖，見圖 39。

　　如果是要改變位置只需要用電腦讓該部位改變位置即可。不用每次都完整的重做一張圖案，如：舉手，他可以將其他部位不變，用矩陣改變手的位置，就可以達到舉手的效果。觀察圖片是利用來矩陣產生動作。

　　圖片移動，經矩陣的動作多次，見圖 40。
　　圖片放大與縮小，經矩陣的動作多次，見圖 41。
　　圖片繞原點旋轉，經矩陣的動作多次，見圖 42。

　　由上述動態可知動畫就是建立在圖片在坐標平面上利用矩陣，來產生動作。**不同的時間點是不同的矩陣。**而圖片是如何與數學中的矩陣作用，再觀察一次此恐龍 http://plus.maths.org/content/its-all-detail，可看到恐龍的圖案是很多線條構成，在數學上這些線條稱作向量。恐龍圖案由各個向量組成，越多條向量組成的圖案，菱面就越多，顏色組成就越豐富，看起來就越細膩；反之越少就越粗糙。圖案的動作就是這些向量與矩陣相乘。同理 3D 動畫、電影動畫：「少年 PI 的奇幻旅程」的老虎，也都是圖案分解成多個向量與矩陣的相乘。

結論：

　　矩陣的兩大功能，一是對於高階數學：線性代數的一個元素。二是座標系圖形的變形與移動。對於一般人來說，早期學習到的情況是單純的在紙本上的圖案大幅度的變化，並不能有數學家腦中抽象想像的逐步動作。同時在早期電腦科技不足以做到數學家的想像。到 1980 年代起，可由 2D 馬力歐電動遊戲、2D 的動畫，一直到現代 3D 的遊戲、3D 的動畫，這些都需要向量、矩陣的概念在內。

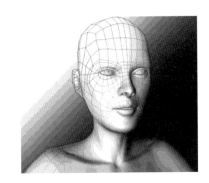

圖 39 取自 WIKI

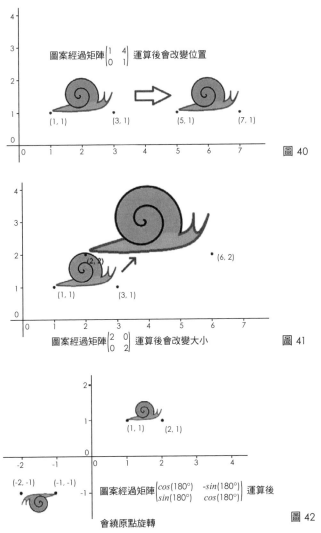

圖案經過矩陣 $\begin{pmatrix} 1 & 4 \\ 0 & 1 \end{pmatrix}$ 運算後會改變位置

(1, 1)　(3, 1)　(5, 1)　(7, 1)

圖 40

(2, 2)　(6, 2)

(1, 1)　(3, 1)

圖案經過矩陣 $\begin{pmatrix} 2 & 0 \\ 0 & 2 \end{pmatrix}$ 運算後會改變大小

圖 41

(1, 1)　(2, 1)

(-2, -1)　(-1, -1)

圖案經過矩陣 $\begin{pmatrix} cos(180°) & -sin(180°) \\ sin(180°) & cos(180°) \end{pmatrix}$ 運算後

會繞原點旋轉

圖 42

「數學和音樂能夠淨化人的靈魂。」

畢達哥拉斯 (Pythagoras)，BC580 － 500 年，

古希臘哲學家、數學家和音樂理論家。

「哲學家也要學數學，因為他必須跳出浩如煙海的萬變現象而抓住真正的實
質。因為這是使靈魂過渡到真理和永存的捷徑。」

柏拉圖 (Plato)，BC 427 － 347 古希臘哲學家

圖片，帕特農神殿，最能代表古希臘的指標性建築，取自Wiki共享。

第七章
數學與文明

7-1 **為什麼學數學（一）：總綱要**

　　大家都一直說數學很重要，但又不知道數學重要在哪裡？好像學完小學的加減乘除、單位換算、分數小數外，似乎就沒有再學習的必要，那我們學習那麼多數學是為什麼？數學廣為人知是科學的基礎，但也無法說服大家數學的必要性。先看圖1：數學的關係圖，然後再來了解數學如何與我們生活息息相關。數學能細分成這麼廣，大多數人肯定會很訝異，因為我們從小誤會算術是數學，處理圖案的內容也可能用到數學，再來就是邏輯式數學的一部分，所以誤以為數學就是這三大部分。或許部分人認知數學是科學、天文的基礎。事實上這是翻譯問題、或是在教導上沒說清楚而發生的問題。

　　數學的命名源自希臘文 mathema，其意義是學習、學問、科學，而後其意義衍變為利用符號語言研究數量、結構、變化、空間。再者使用語言表達之間的關係，並用抽象化與邏輯推理，拓展出科學、邏輯觀、天文、等等學問。所以數學是一切學問的基礎，它涵蓋的範圍很廣，而非只單指算術與圖案研究、邏輯三者。數學是理性基礎，重理解而非死背。所以作者非常反對學習珠心算，它是訓練反射動作，而非重理解，並且會破壞學習數學的熱忱，以及看到數字就害怕，所以不要學珠心算。

　　數學好的人大多是心思細膩、考慮周嚴、作事情邏輯性強、學習東西較快速、理解事物也比較快，並且可以在整件事情的每一個步驟都提出質疑，不合理就不肯繼續下一步，找出問題點，並且提出相對應的解決方法，具備挑戰性、自信心的特質。數學是研究規律的科學，透過經驗、觀察及推論的邏輯思考之下，進而發現真理，**數學是認識世界的方法，它不只是一個計算的工具**，而是與所有事情都相關。算術、科學、民主、哲學、藝術（圖形、聲音）、美德、工作等。接下來將一一介紹。其中我們先介紹哲學與美德的部分。

數學與哲學

　　為什麼說數學與哲學有關？哲學家是相當具有邏輯性的，早期的哲學家大多學習**邏輯**，以利研究天體等相關知識，使人信服他的知識，所以數學與哲學具有相當大的關係。希臘的三大哲學家，以蘇格拉底 (Socrates)、柏拉圖 (Plato)、亞里斯多德 (Aristotle)為代表。三者為師生關係，蘇格拉底是柏拉圖的老師，柏拉圖是亞里斯多德的老師。亞里斯多德創立了亞斯多德學派，由於教學方式常為一邊散步一邊授課，又被稱為逍遙學派。亞里斯多德研究的學問有哲學、物理學、生物學、天文學、大氣科學、心理學、邏輯學、倫理學、政治學、藝術美學，幾乎是涵蓋了所有的領域。

　　邏輯與哲學間的關係，有著不同的講法。斯多葛教派，認為邏輯是哲學的一部分。而逍遙派，認為邏輯是哲學的先修科目。在十九世紀前，邏輯、文法、哲學、心理學，是同一門學問。到十九世紀後，羅素 (Bertrand Russell) 認為邏輯不是哲學是數學。而弗雷格 (Gottlob Frege) 宣稱，邏輯就是算術，其法則不是自然法則，而是自然法則的

法則。也就是說邏輯是一切規則中的基礎。

　　以今天大多數人的感覺，邏輯只是數學的一部分，用來證明數學定理。但其實我們在對話時使用的文法，正是邏輯的衍伸。邏輯可以分為兩個方向，一為數學方面，另一為邏輯基礎和邏輯基本觀點的分析與探討，現在稱邏輯哲學與邏輯形上學，這兩門可被歸類為哲學。當我們不去看哲學問題時，可只討論純邏輯部分。但我們在釐清哲學的概念時，邏輯是不可或缺的工具，所以邏輯與哲學是密不可分。希臘人認為要學哲學，要先學邏輯，而學習邏輯可由數學中學會。

數學的額外價值－勇敢、成就感、抗壓性、毅力、自信、誠實

　　為何說數學會帶來自信？學習數學是一種認識新東西，需要冒險、挑戰自己的怯弱、**勇敢**的踏出第一步，成功將會帶來**成就感**，失敗也可磨練自己的**抗壓性**，並且過程中訓練了**耐性**、**毅力**，最後成為**自信**的人。自信的數學系學生不屑作弊，間接培養了**誠實**。所以學習數學可以培養美德：勇敢、成就感、抗壓性、毅力、自信、誠實等等。

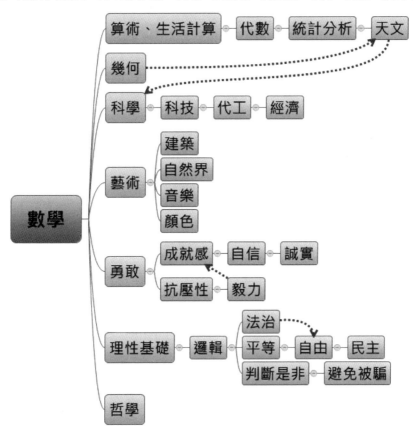

圖1

7-2 **為什麼學數學（二）：數學與民主**

「學習數學是通往民主的唯一道路。」

柏拉圖

　　希臘人如何訓練民主素養？他們靠學習數學來訓練民主。數學的思考與辦論方式是孕育民主思想的基石，數學的本質隱含學生和教師是**平等**的概念。因為數學的推論過程和結論都是客觀的，教師不能以權威的方式要求學生接受不合邏輯的推論，學生和教師都必須遵從相同的推論過程得到客觀的結論。而且這一套邏輯推論的知識，並非由權勢者獨佔，任何人都可學得。

　　希臘哲學家明確指出：正確的邏輯推論能力是民主社會的遊戲規則。在別的學科，例如歷史學，教師的權威見解不容挑戰，因為歷史學並不像數學具有一套客觀的邏輯推論程序。良好的數學教育可以訓練學生仔細傾聽，正確且有效地推論的素養，而這些長期建立起來的數學素養正是民主社會公民的必備能力。

　　英國教育家柯林納福 (Colin Hannaford) 曾寫過：很少歷史學者知道，希臘時期的數學教育主要目的，是為了促使公民經由邏輯推論的訓練，而增強對民主制度的信念和實踐，使得公民只接受經由正確邏輯推理得出的論點，**而不致被政客與權勢者的花言巧語牽著鼻子走**。早在西元前 500 年，希臘文明就已深刻瞭解到邏輯推理是實踐民主的必要條件，因而鼓勵人們學習正確的邏輯推論，以對抗權位者及其律師們的修辭學 (Rhetoric) 詭辯。當時所謂的修辭學詭辯和現代政客及媒體的語言相同，也就是以憶測，戲劇化手法，煽情的語言達到曲解事實，扭曲結論的效果。因此，當一個社會用**修辭學**取代**邏輯推論**時，民主精神就被摧毀了。

　　不幸地，人類不易從歷史得到教訓，**數學教育**與**民主制度**的相依關係完全被忽視了。當今學校的數學教育只著重數學的實用部分，也就是計算，卻完全忽略了數學素養對民主社會的重要性。常聽到有人說：我的數學不好，但我的工作只要會加減乘除就夠用了。沒錯，除了從事理，工，商，醫之外，文，法，歷史及政治學門的數學技巧或許只需加減乘除而已。然而，數學不僅僅是數學技巧（實用的部分）而已，**數學素養（正確推理的能力）應是民主社會每個公民的基本能力**。數學教育的目標並非僅訓練出科學家，工程師和醫生，應該像推廣識字率一樣，使得全民不分科系與行業，都具備正確的邏輯推理能力。但我們的數學教育和考試制度長期忽視數學素養的訓練，使得專攻文，法，歷史及政治學門的學生數學素養普偏低落。導致社會充滿以修辭學取代邏輯推論的政策制定者，官員，法官，檢查官，與媒體，在此環境下，我們的民主實踐變成為修辭學競賽。要改變這個狀況，必得從數學教育的改革開始。大多數人都可以理解國文教育的目標並非在於造就許多文學家，而是在基本語言能力之外，培養欣賞文學的素養。同樣的道理，數學教育除了生活上基本數學技巧（加減乘除）的訓練之外，更重要的是培育現代公民的數學與民主素養，也就是上述的正確推理與獨立思考的能力。

　　社會誤解數學的主要原因來自錯誤的數學教育方式：學生被迫作太多的機械式練

習，記憶各種題型的標準解法因而沒有足夠的時間學習正確推理的方法及內涵。這種數學教育和民主精神是背道而馳的。老師永遠有標準流程與答案，而學生缺乏信心推理出不同的解法。在這種情況下，學生無法領會到數學推理的威力，因而也未能發展出獨立思考的能力。

學數學能學習廣泛民主意義，更向下延伸可以學到更多的公民素養，數學讓老師與學生是平等的地位，只要有問題、瑕疵就可以不認可該公式，可以提出質疑，可**自由提出異議**，而這就是民主的素質之一。民主是以民為主，如何讓統治者以民為主，就是永遠不信任他，或可說是監督他避免出錯，讓統治者認真小心作事，所以必須一切攤開在陽光下，經得起大眾檢驗。有黑箱秘密會議不可被詢問，就是破壞民主。同時如果把民主誤會成多數決，基本上很大可能會變成多數決暴力，或是以為選出民選代表，請他們來多數決就是民主。但如果不能監督代表，或是代表只服務自己跟所屬陣營，這都不是民主。

學習數學能增加邏輯性，法規也建立在邏輯上，不然不合理的法規無法使人信服。當每人邏輯都進步時，對於社會穩定性有著提昇的作用，會自我檢驗做事、說話的邏輯正確性，可以降低口語紛爭，更甚至降低犯罪的行為，所以邏輯間接來說可以提升整個社會風氣。所以說數學是民主的基石，是理性的基礎。有了數學、邏輯與理性基礎後，才能進一步了解平等、民主、自由、法治等素養。難怪柏拉圖(Plato)在學院門口寫上：「不懂幾何學者，不得入此門」（見圖2）。以及歐幾里得是著名的數學家，著有數學經典：幾何原本，影響著幾何學的發展。也曾教導過一位國王托勒

密幾何學，國王托勒密雖然有著聰明的頭腦，但卻不肯努力，他認為幾何原本是給普通人看的。向歐幾里得問說「除了幾何原本之外，有沒有學習幾何的捷徑。」歐幾里得回答：「幾何無王者之道！」「There is no royal road to geometry!」意指，在幾何的路上，沒有專門給國王走的捷徑，也意味著，求學沒捷徑，求知面前人人平等。所以民主素養由學數學產生。

＋ 知識補充站

「希臘人堅持演繹推理是數學證明的唯一方法，這是對人類文明最重要的貢獻，它使數學從木匠的工具盒，測量員的背包中解放出來，使得數學成為人們頭腦中的一個思想體系。此後，人們開始靠理性，而不是憑感官去判斷事物。正是這種推理精神，開闢了西方文明。」莫里斯‧克萊因(Morris Kline)　美國數學史家

圖2：文藝復興時期大畫家拉斐爾(Raffaello)的溼壁畫〈雅典學派〉，畫正中間行走的兩人為柏拉圖和亞里斯多德，右邊彎著腰教幾何的是歐基里得，左邊坐著教音樂的是畢達哥拉斯。此圖可參考：http://zh.wikipedia.org/wiki/File:Sanzio_01.jpg

7-3 **為什麼學數學（三）：數學與科學**

數學與科學的關係

數學不等於科學，而科學也不等於科技。在華人文化，大部分人把科學當作科技，把它當作船堅炮利的基礎；把數學當作科學的基礎。然而這些講法太過片面，不夠完整。要知道科學與數學都是學習自由、理性的方法，更是學習民主的方式。只是數學是科學的語言，而科學是研究自然界的現象，所以要了解**數學不等同科學**。

科學與科技、技術、力量的混淆

大部分人還常把以下名詞都混為一談，科學與科技、技術、力量。這一部分的問題也與邏輯有關，把因果關係當成等號。實際上，先發展科學，再與技術結合，變成科技。為了將科技產品快速產生，或是避免核心內容被竊，或是為了效率而分工，拆成各部分的技術，之後再組合起來。而這正是大家所看到的最直觀的部分，只要技術面，就能得到力量。

所以是因果關係：　　　有科學→有科技→有技術→有力量。

但卻常被混淆為等號：　有科學＝有科技＝有技術＝有力量。

最後大家只注重結果，有技術與力量能操作就好，對於其他的「差不多」就好，見圖 3，也正是差不多的這種習慣，才會使邏輯的發展更為低落。所以當我們能認清本質、注重邏輯、不要隨便，才能發展出邏輯、理性、自由、民主等精神。所以學習理性精神，比實際應用性更重要。

環境對數學與科學的影響

我們都知道科技會帶來進步，科技源自科學，科學源自數學，所以我們先觀察諾貝爾獎的科學類獎項的國家分布。以及菲爾茲獎與阿貝爾獎的國家分布。這兩個獎項是數學界的諾貝爾獎，用以獎勵對數學界有貢獻的傑出人士。見表 1、表 2。

可由中國、印度得知，看到並不是國家人口數越多，得獎人就越多。但理論上世界各地人的智商與創意應該是以常態曲線分布，所以理論上各國的得獎人比例應該會接近全世界的比例才對，但實際上不是。為什麼會有比例差這麼大的現象？先天上的問題理論上不存在，也就是並沒有哪一個國家的血統特別聰明。所以應該是後天的環境或是教育所導致。如：為了謀生而忙碌，使人沒有時間去作科學研究。如：受教權的不均。而環境與教育，兩者與文化息息相關。所以是文化限制了人的思想，壓抑了創意。而這些問題將導致科學人才的稀少，同樣的將導致科學進度的變慢。所以科學人才不全然與人口數相關，而是與文化相關。

可看到表 1 中國的欄位寫 0 or 4，是因為那些得主都受外國教育，而非傳統的中國教育。所以可知文化好，可推論人才比較多。反過來說人才少，可推論文化出了問題。

錢永健說，他是美國公民，不是中國人，很少吃中國菜，不會中國話。他認為血統出身不能決定一個人的身分，一個成功的科學家必出於一個開放的社會，多元包容的價值是關鍵。魏爾斯特拉斯 (Weierstrass 德國數學家) 說，不帶點詩人味的數學家絕不是完美的數學家。要培養具有創意的數學家需要環境，有了數學家之後才能推動科學進步。所以文化對於科學進步很重要。同理菲爾茲獎與阿貝爾獎的各國得獎人數，也能得到一樣的推論，所以文化對於數學進步同樣重要。

文化的問題有很多層面，經濟、教育、環境等，但能最快改變的就是教育面。再由受新式教育的人帶動改變其他部分。而最直接改變的部分，就是較理性化的社會，會具有邏輯思考的人變多，而非一昧盲從。所以我們要重視文化問題，也就是教育問題。

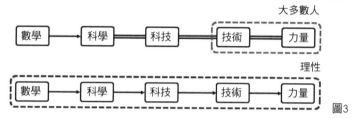

圖3

表1：諾貝爾科學獎的統計

國別	人數	人口數	每千萬人得獎比例
中國	0 or 4	1,385,566,537	0.029
印度	6	1,252,139,596	0.048
臺灣	1	23,329,772	0.429
日本	16	127,143,577	1.258
美國	311	320,050,716	9.717
英國	96	63,136,265	15.205

諾貝爾科學獎包括：諾貝爾物理學獎、諾貝爾化學獎、諾貝爾生理學或醫學獎、諾貝爾經濟學獎。

表2：菲爾茲獎加上阿貝爾獎的人數的統計

國別	人數	人口數	每千萬人得獎比例
中國	0 or 1	1,385,566,537	0.007217
日本	3	127,143,577	0.235954
美國	17	320,050,716	0.531166
英國	6	63,136,265	0.950325

註：有關中國得獎的內容：「中國的得主」不等於「中國人得主」。因為此表認可獲獎前、獲獎當時的公民權。故出生於中國，且曾經持有中國國籍者，皆被計入「中國的得主」。若持有其他國籍，也會被重複計數。

7-4 **為什麼學數學（四）：數學與工作**

　　已知數學與工作與經濟有關，在《幹嘛學數學》一書中，原書名：《Strength in Numbers － Discovering the Joy and Power of Mathematics in Everyday Life》，作者斯坦 (Sherman K. Stein)，提到將數學能力分成六個層級，（在此作些微調整，以適應台灣的情況），我們可以更完整的了解數學與工作的相關性。

　　第一級：一般的加減乘除，運算生活單位的換算，重量與長度，面積與體積。
　　　　　　以生活應用居多，對應在小學層面。
　　第二級：了解分數與小數、負數的運算，會換算百分比、比例，製作長條圖。
　　　　　　生活應用居多，並且在商業行為上更清晰概念，對應在國一層面。
　　第三級：在商用數學上有較多的認識，明白利率、折扣、加成、漲價、佣金等等，
　　　　　　代數部分：公式、平方根的應用。幾何部分：更多的平面與立體圖形。
　　　　　　抽象概念的加入、對應在國中層面。
　　第四級：代數部分：處理基本函數（線性與一元二次方程式），不等式、指數。
　　　　　　幾何部分：證明與邏輯、平面座標的空間座標。統計機率：認識概念。
　　　　　　數字抽象更高一層，對應在國中與高中階段。
　　第五級：代數部分：更深入的函數觀念，處理指對數、三角函數、微積分。
　　　　　　幾何部分：平面圖形、與立體圖形的研究性質、更多的邏輯。
　　　　　　統計、機率：排列組合、常態曲線、數據的分析、圖表的製作。
　　　　　　數字更抽象，並且與程式語言有較大的結合，對應在高中階段到大學。
　　第六級：高等微積分，經濟學，統計推論等等。對應在大學階段。

　　各類的職業，所需的數學能力等級，見表 3。我們可以利用此職業分類，去想想到底需要怎樣的數學能力，然而我們無法保證我們會永遠的在同一個職業之中，而數學能力可以高等級包含低等級，也就是第五級可以從事一、二、三、四、五等級的工作，但第二級卻無法作第五級的職業。所以在學生時期與工作階段相比相對有時間，同時腦袋也相對靈活的階段，應該把數學、邏輯學好，這對於未來選擇工作上比較有所幫助。

　　用另一個講法來說明為什麼需要數學。一個跑者，為了跑出好成績，他必須去訓練很多與看似跑步無關的項目，如：上身協調性，鍛鍊全身的肌肉使其成為適合跑步的分布，也就是說當你認為只用到腳的時候，其實它用到更多的部位。**同理我們在工作與作任何事情時，都會默默用到數學**。並且跑者為了達到一個好成績，需要反覆的訓練，逐步修正問題，而不是使用禁藥來達到好成績。**同理在學生階段為了獲得數學的好成績，數學需要反覆的計算類題，我們需要去理解，而不是死背公式與套題目**。最後由以上的認識，就能大致了解，為什麼我們需要數學、與練習數學。

結論：

　　我們可以發現生活上的工作有其各自對應的數學能力，絕大多數人，大概在二到三級就已經足夠使用，少部分人需要到四級以上。但在台灣有一個特殊的情形，法官與政府官員的邏輯一直都是很讓人不可思議，如：討論否定前提－蓋核四有電、不蓋核四就沒電，倒果為因－要有電就是要蓋核四。或者是常聽到恐龍法官的不合邏輯判決。以及近年的食安問題詭異言論「吃黑心油、每天一滴、對健康應該沒有直接傷害。」實際情形是現在吃不出問題不代表以後沒問題。

　　所以位置越高的人越需要學好第四級、第五級的邏輯，否則只是用話術在騙人。尤其是學法律的人、制定法律的人、執法的人，不幸的是我們的法律系理性、邏輯的基礎訓練不夠，才會出現這麼多不邏輯的社會亂象。我們要改善這個不合理的社會，我們就應該建立在理性的基礎上，讓一切事物合乎邏輯。不管是文組、理組、醫科都需要學好邏輯，也就是學好數學。

表3

工作種類	所需數學能力
工程師、精算師、系統分析、統計師、自然科學家	第六級
建築師、測量員、生命科學家、社會科學家、健康診斷人員、心理輔導人員、律師、法官、檢察官	第五級
決策者、管理者、主管、經理、會計、成本分析、銀行人員	第四級到第五級
教師	第三級到第六級，隨學生而變。
行銷業務、收銀、售貨、主管	第三級
文書、櫃台、秘書、行政助理	第二級到第三級
勞工、保母、美容、消防、警衛、保全	第一級到第四級
作家、運動員、藝人	第一級到第二級

7-5 **數學學習（一）：數學成績與聰明才智的關係**

　　大家隱隱約約知道數學成績與聰明才智不是直接有關係，但大家仍然還是把它直接串連在一起，老師或太多人說數學不會、就是笨，所以數學成績不好。在二十幾年前，或許還可以激起一些不服輸的學生。然而現在升學制度的改變，科目的增加，以及各種的誘惑變大的情況。其實這樣的方法只會導致學生放棄數學。

　　那麼數學成績到底代表什麼？我們先了解理解數學與成績的關係。以應用題的題目為例，不存在亂猜能答對的情形。

　　1. 不懂數學→應用題拿不到好成績。合理。
　　2. 不懂數學→應用題拿到好成績。不合理。
　　3. 懂數學→應用題拿到好成績。可能合理。
　　4. 懂數學→但因為粗心，應用題拿不到好成績。可能合理。

　　所以我們可以看到懂不懂數學，都有可能拿不到好成績，那我們還可以說成績不好就是不會數學就是笨嗎？

　　再來看看聰明、笨與理解數學有關嗎？在絕大多數國家智力測驗都是以數學的幾何圖案來判斷 IQ，IQ 以常態分布表示，見圖 4 觀察 IQ 與人數的關係。

　　可以發現高 IQ 的人也不少，但高 IQ 的人不一定有好的數學表現，而我們也知道有超好數學表現的人幾乎都有超高 IQ，見圖 5。但是坦白說這些超高 IQ 的人，不用教它也可以有很好的數學表現。而其餘 IQ 在中後段的學生難道就不能有好的數學表現嗎？答案是否定的。芬蘭經由他們的教學，已經達到了大多數人都能理解基礎數學，見圖 6 的人數示意圖。所以除了最後面的少部分的人，大部分人的 IQ 與理解數學無關。

　　最後回歸原本的問題，基礎的數學成績跟聰明才智無關，我們應該用努力與優秀的教材與教師，來教孩子。請別再用不好的方法教學，說數學成績不好就是不會數學，不會數學就是笨，讓孩子想放棄唸數學。

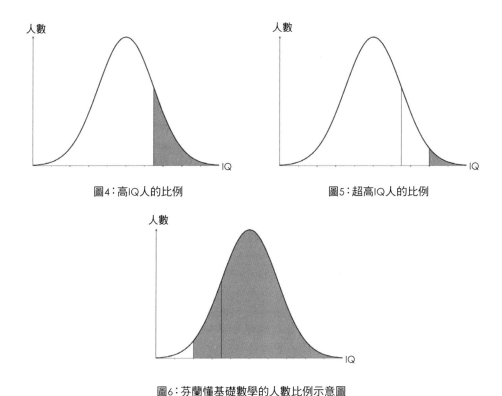

圖4：高IQ人的比例　　　　　　　圖5：超高IQ人的比例

圖6：芬蘭懂基礎數學的人數比例示意圖

「一個不擅於計算的人，有可能成為一個第一流的數學家，而一個沒有絲毫數學觀念的人，充其量只能成為一個很會計算的人。」　　　　　　　　　哈登伯格

「有的教師要求學生只用課堂上教的方法解數學題。這種做法會阻礙獨創能力的發展，導致失敗，並造成迴避困難的心理。」　　　　　　　　　　　　波雅妮

7-6 **數學學習（二）：不要恐嚇教學，活用創造力**

在 18 世紀，德國哥廷根大學，高斯的導師給他三個數學問題。前兩題很快就完成了。但第三道題：用尺規作圖作出正十七邊形，毫無進展。但高斯還是用幾個晚上完成了，見圖 7。當導師接過作業，驚訝的說：「這是你一人想出來的嗎？你知道嗎，你解開一題從希臘時期到現在的千古難題！阿基米德沒有解決，牛頓也沒有解決，你竟然幾個晚上就解出來了。你是個真正的天才！」

為什麼他的導師沒跟高斯說，這是千古難題。原來他的導師也想解開這難題。是不小心將寫有這道題目的紙，也給了高斯。當高斯回憶起這件事時，總說：「如果告訴我，這是數學千古難題，我可能永遠也沒有信心將它解出來。」

從高斯的故事告訴我們，很多事情不清楚有多難時，往往我們會以為是能力範圍內的，而能夠使用一切的方法，創造出新的方法來完成。沒有心理的預設立場，沒有被告知這題很難，就不會被數學恐懼到，會更有勇氣作好。

由此看來，真正的問題，並不是難不難，而是我們怕不怕，以及能不能活用一切的工具與基礎觀念。所以我們要避免被恐懼抹煞了創造力，我們可以用基礎的觀念創造想要的答案。身為老師不應該跟學生說這題很難，這樣會抹煞學生的信心與勇氣。

高斯還有哪些廣為人知的故事呢？高斯小時候就展現相當高的數學能力，老師因為班上太吵，出了一道題 $1 + 2 + 3 + \cdots + 100 = ?$ 寫完才可以玩。而高斯很快就解答出來。這是肯定可以解出來的題目，但高斯懶的逐步計算，運用他的創造力，作出一個方便計算的方式。算法是：一行按照順序寫，一行按照順序逆寫，兩行加起來除以 2，就是答案

順：	1	$+2$	$+3$	$+\cdots+100$
逆：	100	$+99$	$+98$	$+\cdots+1$
	101	$+101$	$+101$	$+\cdots+101$

一共 100 組，所以 $1 + 2 + 3 \cdots + 100 = 101 \times 100 = 10100$

但是這是 2 倍的答案，所以要再除以 2，$10100 \div 2 = 5050$

因為這個的發現，得到了只要是差距一樣的數字排列，加起來就有一個計算式，總和 $= \dfrac{（首項＋末項）\times 數量}{2}$。而高斯的老師布特納 (Buttner) 認為遇到了數學神童，自掏腰包買了一本高等算術，讓高斯與助教巴陀 (Martin Bartels) 一起學習，經由巴陀又認識了卡洛琳學院的勤模曼 (Zimmermann) 教授，再經由勤模曼教授的引薦，晉見費迪南 (Duke Ferdinand) 公爵。費迪南公爵對高斯相當的喜愛，決定經濟援助他念書，受高等教育。而高斯不負期望地，在數學上有許多偉大貢獻。

- 在 1795 年發現二次剩餘定理。
- 兩千年來，原本在圓內只能用直尺、圓規畫出正三、四、五、十五邊形，沒人發現正十一、十三、十四、十七邊形如何作圖。但在高斯不到 18 歲的年紀，發現了在圓內正十七邊形如何作圖，並在 19 歲前發表期刊。
- 在 1799 年，高斯發表了論文：任何一元代數方程都有根，數學上稱「代數基本定理」。每一個單變數的多項式，都可分解成一次式或二次式。
- 1855 年 2 月 23 日高斯過世，1877 年布雷默爾奉漢諾威王之命為高斯做一個紀念獎章。上面刻著：「漢諾威王喬治 V. 獻給數學王子高斯」，之後高斯就以「數學王子」著稱。

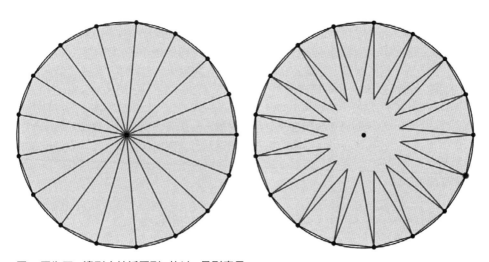

圖7：因為正17邊形太接近圓形，故以17星形表示

＋ 知識補充站

高斯對於事情，重質不重量。
「寧可少些，但要完美」
「Few , but ripe」　－英文
「Pauca sed matura」
　　　　　－拉丁文－高斯

7-7 **數學學習（三）：態度**

上樓與如何解題

在數學複雜的題型上，大家常常會不知道如何解題，無從下手，最後只好茫然的看題目發呆。其實並沒有那麼難，解題跟生活經驗一樣。例如：1 樓走樓梯要到 5 樓，要到 5 樓前一定先到 4 樓，到 4 樓一定要先到 3 樓，依此類推，就是一步一步逆推發現，一定要先到 2 樓，而不是在 1 樓看著 5 樓發呆，見圖 8。

或者跟處理事情一樣，有主要目標，中間發現不足卻要先去補起漏洞，如：修理機器，發現某個材料不夠了，要先補貨，也就是要先處理另一件事情，再來處理原本問題。而這就是數學解題的基本原則，將問題分解成一部分一部分，再依次處理，或說是將手上有的線索先處理，遇到問題補齊需要的物品，最後一定可以解決問題。如果沒有解決問題，一定是還有其他問題你沒有解決。

例題：前半段路花了 2 小時走 4 公里，後半段路花了 3 小時騎腳踏車騎了 16 公里，請問整段路速率為何？很明顯的我們必須先找出整段路的總路程與總時數，也就是到 3 樓必須先到 2 樓的意思，或是先補貨的意思，先處理另一個問題。最後才能回答原本的問題，總路程 20 公里與總時數 5 小時，速率是 $20 \div 5 = 4$，時速 4 公里。

所以只要我們可以逐步的解決小問題，那整個問題一定可以得到答案，所以數學沒有你想的可怕，慢慢的思考有耐心一定可以用學過的技巧解出題目。同時很多學生的觀念很不妥，已經理解各個小階段的原理，如果題目需要很多步驟，充其量是很多個簡單題目，或可稱作是複雜，但絕不是難。很多時候學生都被自己的懶惰或恐懼，使得數學能力下降了。

> 「如果這題解不出來，肯定是有比較簡單的題目還未解出來。」
>
> 波利亞 (George Pólya：1887 － 1985) 匈牙利裔美國數學家和數學教育家

熱開水的故事：數學家與物理學家的差別

有空水壺在桌上，要如何得到熱開水？答案：裝水後，再放到瓦斯爐加熱，見圖 9。下一個問題，有水的水壺在桌上，要如何得到熱開水？

物理學家：直接放到瓦斯爐加熱，見圖 10。

數學家：把水倒掉，重複空水壺的得到熱水的過程，見圖 11。

為什麼數學家會這樣作？因為物理學家，把每一件事情看作獨立的新問題，找出最快的方法。而數學家是把問題變處理過的問題，簡化問題後就不用思考了，直接用過往的經驗，所以也可以說數學家是一群懶得動腦的人。所以我們就可以知道數學家與物理學家的差異性。

You know we all became mathematicians for the same reason: we are lazy.

你知道我們成為數學家的原因都一樣——我們懶。

Maxwell Alexander Rosenlicht 1924-1999 美國數學家

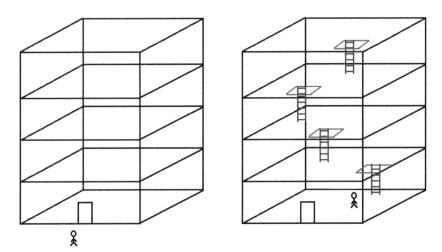

圖8：看著發呆與一層一層走

圖9：煮水

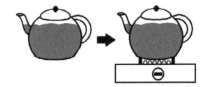

圖10：物理學家想法

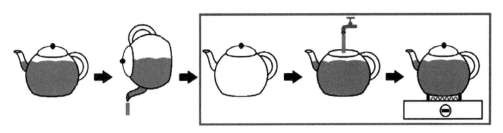

圖11：數學家想法

7-8 **數學學習（四）：為什麼那麼多幾何證明**

　　「為什麼要學一堆幾何證明」這個問題可以連同「數學與物理的關係」一起回答。很多學生對於幾何證明的題目非常多感到有疑問，固然幾何證明可以學習邏輯，但基礎概念理解後其他僅是練習，為什麼有那麼多題目？因為中世紀的僧侶，因戰爭避世，而研究幾何問題，並把它當作智力遊戲，甚至是當作藝術創作，所以產生大量的幾何證明。

　　僧侶為什麼要研究數學，而不是其他科目？因為在西方的文化，理性占文化很大一部分，並且神學、哲學、數學的關係是密不可分的。同時更早**希臘時期的大哲學家——柏拉圖也曾說過「經驗世界是真實世界的投影」**。其意義為我們處的世界具有很多數學規則，有些已經理解成為了經驗，有些是由這些組合成為新的經驗，但仍不夠完善。所以要學習數學的目的是為了解神創造世界的原理。

　　為什麼從數學切入，而不是從其他科目切入，如物理或化學？因為科目本質的不同，可以從幾個角度來討論原因。

1. 出錯修正的機率：

　　數學是零修正，唯一要修正的情形，僅在取有效位數產生的誤差，如：圓周率。

　　物理、化學則是隨時代進步而修正模型公式。

2. 研究的方式：

　　數學是演繹邏輯的學問。

　　物理、化學是經驗結果論的科學，科技進步就會更改，如：拋物線的軌跡、四大元素到現在週期表。

3. 由真實經驗假設最基礎的情形：

　　數學是可理解的、不必再質疑準確性的道理做為**最小元件**。如：$1 + 1 = 2$。再以此基礎來組合定義新的數學式，且不需質疑（與自然界作對比）、驗證。所以**數學**進步**可視作由小元件到大物品**的組合。

　　物理、化學是以現階段觀察到的情形，因科技進步，觀察到在更大的範圍不符合，就必須修正原本的理論。如：牛頓力學與愛因斯坦的相對論。以及會因科技進步，觀察到更精細小的元件，而修正原本的理論。如：四大元素→週期表→電子中子→夸克→超弦理論。並且修正理論後，須實驗才能確定正確性。所以**物理、化學**進步，可視作推廣到更大的範圍也成功、推廣到極小部分也成功。

4. 數學家與物理、化學家目標不同：

　　數學家組合出新數學式後，並不知道可以用在哪裡，只知道演繹出來的結果是正確的、並認為這是具藝術美感，不知道也不在乎有何意義，可能未來有一天就有用了。例子 1：哈代 (Godfrey Harold Hardy) 的數論研究，他明確說就是研究一堆與現實沒關係，卻正確又美麗的數學，但在哈代死後的 50 年內卻被大量用在密碼學上。例子 2：

虛數 $i = \sqrt{-1}$ 一開始在卡當 (G. Cardano) 的研究，在實用上不知要做什麼。但最後發展成複變函數理論，成為近代通訊、與物理的基礎。

物理學家與數學家就相當不同，是先有目標，再尋找適當的數學式，並驗證，但有可能不符合而需要修正，有些時候也會與數學家合作找出適當的數學式。

當然在早期的科學，也是有研究出不知能做什麼的情形，如：法拉第 (Michael Faraday) 對於電磁學的研究，發現電與磁關係，他展示給國王看，見圖 12。國王問說能幹嘛？法拉第回：不知道，但總有一天能因此做出的器械上抽取稅賦。之後果然因此作出馬達抽取稅賦。

結論：討論數學對於研究真理是具有成效的。也要明白數學不是科學，而是幫助描述科學的語言。如果我們對數學學習感覺不舒服、不直覺，這是不對的。數學建構在邏輯之上，不熟悉要多練習、不理解要多思考。但總不會突兀的多了一個新的方法，令人不舒服、不直覺。數學的產生雖不像物理、化學全因現實需要而產生關係式，但也是因計算需要而產生關係式。這可引用數學家龐加萊 (Henri Poincaré) 的話「**如果我們想要預見數學的將來，適當的途徑是研究這門學科的歷史和現狀。**」同理如果對於學習不直覺、不舒服，將會干擾學習的熱忱。並且對數學家產生神化的感覺，以及要死背一段內容，降低創意與思考，變相來說就是影響了數學未來的發展。所以可以把數學家龐加萊這段話延伸到另一個層面，「**如果我們想要學習數學的保持直覺性與創意性，適當的途徑是研究這門學科的歷史和現狀。**」

圖12：1827年的馬達，取自WIKI CC3.0

7-9 **邏輯（一）：任何事情都不要相信直覺**

顯而易見的直覺也可能會是錯的，我們來看看下面的例子。

- 兩有理數間存在無理數，如：1.4 與 1.5 之間有 $\sqrt{2}$；兩無理數間存在有理數，如：$\sqrt{2}$ 與 $\sqrt{3}$ 之間有 1.6。直覺上有理數與無理數是交錯排列的，但此直覺是正確嗎？如果交錯排列代表數量一樣，但有理數與無理數的數量一樣嗎？

  有理數的整數部分 1、2、3、4、5、6、7、8、9、…

  其對應的無理數有哪些，先觀察 2 的部分：$\sqrt{2}$、$\sqrt[3]{2}$、$\sqrt[4]{2}$、$\sqrt[5]{2}$、$\sqrt[6]{2}$、…

  可發現光是 2 的無理數部分、數量就無法與對應了，更何況是全部的情形。

  所以有理數與無理數直覺上交錯排列是錯誤的，所以我們不能以直覺來判斷。

- 圓錐甜筒從 A 點為起點在錐體上找最短路徑回到 A 點的軌跡為何？見圖 13。很多人會認為邊緣繞一圈，也就是經過 B 點，就是最短路徑，見圖 14。但真的是經過 B 點邊緣繞一圈是最短路徑嗎？把圓錐攤開得到扇形。可發現經過 B 點在邊緣繞一圈不是最短路徑，見圖 15。最短路徑是圖 16 才正確，並看原立體圖情形。所以我們不能以直覺來判斷。

- A：起薪 30000 一年調 5000；B：起薪 30000 半年調 2500。哪個總薪水高？大部分人會覺得 A 月薪高，總薪資也是 A 較高，真實情況呢？看看表 4、5。結果是 B 累積的薪水比較多，所以我們不能以直覺來判斷事情。

結論：

我們不能以直覺來判斷任何事情，容易出錯，最好還是經過完整邏輯推理才正確。

小博士解說

除了不要相信直覺，更多時候也未必眼見為憑，比如說眼睛因物體在不同情況下帶來的形狀或是顏色錯覺；也有許多借位、角度、光譜問題帶來的錯覺，我們可以參考幾何投影的內容可知。所以可知視覺不是一個很值得100%信賴，可以拿來做決定的因素。我們應該更客觀的、更理性去思考與判斷才能不出錯誤。

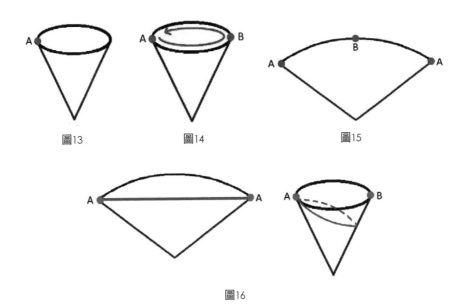

圖13　　圖14　　圖15

圖16

表 4：A 的薪水情形

	這半年薪資	累計總薪資
0~6月的月薪：30000	18萬	18萬
6~12月的月薪：30000	18萬	36萬
12~18月的月薪：35000	21萬	57萬
18~24月的月薪：35000	21萬	78萬
24~30月的月薪：40000	24萬	102萬
30~36月的月薪：40000	24萬	126萬

表 5：B 的薪水情形

	這半年薪資	累計總薪資
0~6月的月薪：30000	18萬	18萬
6~12月的月薪：32500	19.5萬	37.5萬
12~18月的月薪：35000	21萬	58.5萬
18~24月的月薪：37500	22.5萬	81萬
24~30月的月薪：40000	24萬	105萬
30~36月的月薪：42500	25.5萬	130.5萬

7-10 邏輯（二）：加一成再打九折等於原價嗎

　　常看到餐廳有加一成服務費，有會員卡打九折，最後等於原價的情況。但這似乎在數學上感覺怪怪的。事實上的確是有語病的，因為將基準點省略了。接著我們先來認識打折與加成的意義。

打折

　　打折是生活用語，打折就是折扣一些、便宜一點，乘上比「1」小的數字，打 9 折、打 95 折等等。因此有以下例子，打 9 折是定價 ×0.9；打 95 折是定價 ×0.95。

　　特別的是通常我們聽到某一樣東西「打 9 折」，但卻不會聽到某樣東西「打 90 折」這是為什麼呢？因為打 9 折就是定價 ×0.9；反之如果說打 90 折，意思就是說定價 ×0.90，百分位的「0」感覺是多餘的，所以我們不說打 90 折，而說打 9 折。因此，定價乘以零點「幾」；就是打「幾」折。

　　結論：　　定價打 x 折 $= \dfrac{x}{10} \times$ 定價，x 為 1 位數

　　　　　　　定價打 y 折 $= \dfrac{y}{100} \times$ 定價，y 為 2 位數，個位不為 0

　　在歐美國家，打折 (discount) 指的是扣去定價價格的一部分，打 1 折，是原價減去 0.1 乘上定價，即為定價乘上 0.9，打 15 折就是即為定價乘上 0.85。可以發現基準點都是定價。

加成

　　什麼是原價加幾成作為定價賣出呢？指的是商人收入的利潤部分，加成是加上原來價格的一部分，好拿來當利潤。以下是加成的例子

加 1 成　　　　　就是 原價　　　加上 0.1　　　　乘上原價，即為原價乘上 1.1

加 1 成 5　　　　就是 原價　　　加上 0.15　　　乘上原價，即為原價乘上 1.15

加 25%　　　　　就是 原價　　　加上 25%　　　乘上原價，即為原價乘上 1.25

結論：　原價加 x 成　 $=$ 原價 $+ 0.x \times$ 原價 $= (1.x) \times$ 原價

　　　　原價加 x 成 y 　$=$ 原價 $+ 0.xy \times$ 原價 $= (1.xy) \times$ 原價

　　　　x、y 都是一位數字

原價加 $z\%$ $=$ 原價 $+ z\% \times$ 原價 $= (1 + z\%) \times$ 原價

可以發現基準點都原價，算出來的價格是定價。

　　了解加成與打折的意義後，回頭來思考餐廳的加一成打九折等於原價是為什麼？照

常理來說，應該如賣衣服的概念，見圖 17。

原價 $\xrightarrow{\text{加1成}}$ 定價 $=1.1\times$原價 $\xrightarrow{\text{打9折}}$ 特價 $=0.9\times$定價 $=0.99\times$原價

所以餐廳應該是，見圖 18。

原價 $\xrightarrow{\text{加1成}}$ $1.1\times$原價 $\xrightarrow{\text{打9折}}$ $0.9\times1.1\times$原價 $=0.99\times$原價

但其實餐廳實際意義是，見圖 19。

原價 $\xrightarrow{\text{加1成原價}}$ $1.1\times$原價 $\xrightarrow{\text{打9折=扣除1成原價}}$ $1.1\times$原價 $-0.1\times$原價 $=1\times$原價

搞清楚它們的文字遊戲後，就不會感到困惑了，一切只是基準點的不同。

原價 =100　　加一成　　定價 = 原價 ×1.1=110　　打九折　　特價 = 定價 ×0.9=99

圖17

原價 =1000　　加一成　　原價 ×1.1=1100　　打九折　　原價 ×0.99=990

圖18

原價 =1000　　加一成原價　　原價 ×1.1=1100　　打九折 = 減一成原價　　原價 ×1=1000

圖19

7-11 邏輯（三）：什麼是邏輯

我們可以把邏輯分成三種，語言邏輯、科學邏輯、演繹邏輯，三者差別在哪？

1. 語言邏輯（非形式邏輯）：由語言與生活對話經驗來學習邏輯，但這跟語系有關，不同的語系有不一樣使用習慣，會造成不同的困擾。中文常見的問題如下：省略前提或一句多義的問題，如：牛排不好吃。不知道是說使用刀叉，所以牛排不方便吃，還是說牛排不美味。如：捐血車上的護士問問題，有沒有固定的性伴侶。回答沒有。這樣有問題了，是沒有固定，還是沒有性伴侶，所以問話要問清楚，回話要完整。因果問題的誤用，如：蓋核能就有電，不蓋就沒電。因為是不一定。省略受詞會錯意，如：甲對乙說：我覺得你胖，乙說：我不在乎。不知道不在乎甲的言論，還是不在乎自己胖。中文溝通的一些習慣，容易產生問題導致誤會與爭執。

2. 科學方法論（科學結構的邏輯）：科學的發展，使用嘗試錯誤的方式發展，發現錯誤再修改，如一開始是四大元素：地水火風，之後變成如今的元素周期表。以及太陽繞地球到現在地球繞太陽。

3. 演繹邏輯（形式邏輯）：邏輯是因果關係，考慮前因後果，或說原因與結果，數學用語前提與結論。例如：（前提）動物會死，而人是動物，（結論）所以人會死。例如：（前提）在數學上定義最根本大家都能接受的數學原理 $a(b + c) = ab + ac$，利用此式堆疊組合出新的數學式 $(x + y)^2 = x^2 + 2xy + y^2$，（結論）也都會是正確的。這種因果關係又稱為演繹論證，也就是大家所認識的若 P 則 Q 的數學邏輯。**邏輯就是判斷前提到結論，這個推論有沒有問題**。統計出來的結果是歸納論證不同於演繹論證，有可能會出現不同結果。例如：外星人降落到草原，發現馬都是條紋狀的，所以說這星球的馬全都是條紋狀的，這顯然有可能不對。數學上的邏輯是指演繹論證，故稱演繹邏輯。

邏輯如何判斷因果關係

邏輯是判斷推論正不正確，所以要有兩個句子，需要兩個完整的敘述。例句 1：天氣好。這是一個敘述，但沒有前後文可判斷的此句的正確性。例句 2：下雨天，帶傘才不會淋濕。這是兩個敘述。有前後文可判斷的此句的正確性。例句 3：下雨了，所以 $2 \times 2 = 4$。有兩個句子可以判斷邏輯性。但兩句話沒邏輯性。例句 4：蓋核能就有電，不蓋就沒電。有兩個句子可以判斷邏輯。這兩句話的答案是不一定正確。所以能知道可判斷的句子，具有前提與結果兩個敘述。

猴子與會爬樹，兩者的關係，猴子是前提，會爬樹是結果。

1. 猴子，會爬樹。　　　　　　確定這句話是對的。導致下列三句的正確性。
2. 猴子，不會爬樹。　　　　　一定錯誤。
3. 不是猴子，會爬樹。　　　　可能正確，因為貓咪、豹也會爬樹。
4. 不是猴子，不會爬樹　　　　可能正確，狗、馬就不會爬樹。

上述四條可參考關係圖，圖 20。

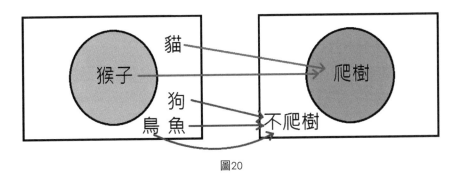

圖20

所以，可以很清楚的知道2件事情：
1. 不是猴子，會不會爬樹，都是有可能的。
2. 不爬樹的，一定不是猴子。
這就是我們最需要的認知的基礎邏輯觀，否則我們會常犯以下錯誤：

1. 討論否定前提無意義：

生活對話中常見的錯誤：第一句：蓋核能有電；第二句：不蓋核能就沒電。
第二句不一定正確。因為你可以火力、水力發電。

2. 倒果為因：

因為下雨，所以馬路濕，正確。因為馬路濕，所以下雨了。可能正確，也可能是有
人潑水。唯一可以說是正確：馬路不濕所以沒下雨。但常會有人倒果為因，第一句：
蓋核能有電；第二句：有電一定要蓋核能。

3. 如何將句子反過來說：

已知猴子，會爬樹；不會爬樹，一定不是猴子。所以當若前提到結果成立，恆成立，
若否定的結果可推論否定前提正確。第一句：蓋核能有電；第二句：沒電一定是沒
蓋核能。

當我們理解邏輯後，就能輕易的判斷語句的邏輯性。第一句：別人送鑽戒給他女朋
友，代表愛她。第二句：你沒送鑽戒給我，所以你不愛我。很明顯的犯了討論否定前
提的錯誤。

7-12 邏輯（四）：$\sqrt{2}$ 為什麼不是分數

$\sqrt{2}$ 是無理數的證明，參考以下內容。

假設 $\sqrt{2}$ 是有理數，所以 $\sqrt{2}$ 可以寫成最簡分數 $\dfrac{b}{a}$，

$\dfrac{b}{a}$ 為最簡分數，所以 $(a, b)=1$，a、b 互質。

$$\sqrt{2} = \frac{b}{a}$$

$$2 = \frac{b^2}{a^2} \qquad 兩邊平方$$

$$2a^2 = b^2 \qquad 移項$$

所以 b^2 是偶數

故 b 也是偶數，設 $b = 2c$

$$2a^2 = (2c)^2$$
$$2a^2 = 4c^2$$
$$a^2 = 2c^2$$

所以同樣的 a 也是偶數

導致 $(a, b) = 2$

但一開始已經強調 a, b 是最簡分數，$(a, b) = 1$，產生錯誤。

所以一開始的假設 $\sqrt{2}$ 是有理數錯誤，故 $\sqrt{2}$ 是無理數。

　　所以 $\sqrt{2}$ 是無理數的證明也不是特別複雜，如同自己挖坑給自己跳，最後知道有坑不能走，遇到要繞開。說穿了沒有很難，只是大家太害怕數學而不敢去做。而此問題早在古希臘時期的歐幾里得原本已有證明。

小博士解說

　　利用邏輯推理的方法，在生活上也會有很大的便利。生活上也常做反證法，先假設沒有怎樣的問題，但從頭到尾推理一遍，發現有問題，所以原來的情況是正確的。如：我吃藥了嗎？推論：因為吃藥的袋子會確實丟到垃圾桶，如果垃圾桶沒藥袋，代表沒吃藥。但垃圾桶有藥袋，所以吃了。

利用邏輯的證明方法，p 是前提，q 是結論，－ p 是否定前提，－ q 是否定結論。見表 6。

表 6

1.直接證法	p→q，當其成立時就是正確
2.反證法 proof by contradiction	利用－q→－p，所以是p→q正確。
3.找反例	找出反例的情形，證明錯誤。推導該題目所敘述不成立。
4.數學歸納法	確定 n = 1　成立； 假設 n = k　成立； 若能推導 n = k + 1 也成立，則該數學式成立。

在生活上，比較常利用的邏輯推導：
1. 反證法。
2. 找反例，如：找極端化的例子。
3. 數學歸納法，類似以此類推，但它是演繹邏輯的證明方式，
   並不是語言中的歸納，不存在可能誤差的可能性。

補充說明：
學數學歸納法，不該用簡寫帶過，回顧數學歸納法證明的流程

```
n = 1 正確
n = k 正確
n = k + 1 正確
因為數學歸納法，所以得證。
```

生在不完全了解數學歸納法的情況下，怎可以說因為數學歸納法來做總結，
那是給數學家來簡寫文字的，對於初學者學習時，不應該有太多的簡寫行為。
省去以下這段文字「**因為 n=1 正確，以及任意連續兩個都正確，可以推導（推論），1 正確，所以導致 n=2 正確，連帶 n=3 正確，n=4、5、6、7、8、9、……全都正確。**」省略後看不到哪裡有歸納或推理的意思，數學歸納法的精神應該是著重在推論才對，或應該稱為數學演繹推論法。寫成 " 數學歸納法 "，省一段字，讓學生不懂數學歸納法內容，因小失大。並且歸納這行為在生活中偶爾會有特例，所以此方法實在不適合用「歸納」一詞。

7-13 **邏輯（五）：且與或的誤用**

我們可先了解世界動物衛生組織與台灣對高病源判斷的認知來認識禽流感的危險。從 2009 年起，**世界動物衛生組織 (OIE)** 的認定高病原條件：

1. 「HAO 切割位鹼性胺基酸」出現 4 個 HAO。
2. 「靜脈內接種致病性指數（IVPI）值」>1.2。
3. 只要實驗室所做實驗死亡率高於 75%。

    符合其中一項，就判定為高病原。

在**台灣農委會**對高病原認定模式：

1. 「HAO 切割位鹼性胺基酸」出現 4 個以上。
2. 「靜脈內接種致病性指數（IVPI）值」> 1.2。
3. 臨床死亡率大於正常值 0.05% 到 0.075% 連續 3 天以上。

    必須三個條件都符合，才判定高病原。

世界動物衛生組織與台灣農委會，哪一個才是真正嚴格為人類健康把關呢？一個淺顯易懂的道理，條件越嚴格的話，代表越難以通過；條件越簡單的話，代表很容易通過。因此我們可以看到 OIE 是嚴格的，只符合其中一項，就是高病源，就要撲殺雞隻；但台灣卻反其道而行，要三者都有，讓檢體在 OIE 判定檢體是高病源，但在台灣變成是低病源。

在這邊可以發現問題：台灣判斷檢體是高病源或低病源的方法是有問題的，台灣「OIE 認定的或 (OR)」變成「且 (AND)」。OIE 是三個條件符合其中一條，就是說檢體符合條件 1 或條件 2 或條件 3。也就是說高病源是這三個條件的聯集之中的元素。三個條件都要符合，就是說檢體符合條件 1 且條件 2 且條件 3，也就是說高病源是這三個條件的交集之中的元素。很明顯的 OIE 原意的「或」，是嚴格把關，而台灣改用的「且」寬鬆非常多。可以預見的是台灣的健康處於高風險之下。所以我們要很清楚文字的意義，不然很容易導致事情的錯誤。文字邏輯用數學圖形來看，見圖 21，可以明顯看出問題，而這邊的學問就是集合論。所以數學可以讓事情更不容易有錯誤。

小博士解說

除了「且」跟「或」常會混用，我們還有一個關係常會混用。我們知道 $a>b$，$b>c$，所以 $a>c$；也知道 $L_1//L_2$，$L_2//L_3$，所以 $L_1// L_3$；所以常有人會將推導的關係式當作一種既有形式，而導致錯誤。如：$L_1 \perp L_2$，$L_2 \perp L_3$，所以 $L_1 \perp L_3$，見圖 22，但這是錯的，正確情形是 $L_1//L_3$。會有這樣錯誤思考的人不在少數，即便是真實生活中，某部份人知道甲打乙，乙打丙，不等於甲打丙，它們仍然會混用而不去思考，這是不妥的。也因此常見財務糾紛，甲欠乙100元，乙欠丙100元，所以可視作甲欠丙100元，這樣對嗎？這邊還有很多時間與利息、法律等等的問題，所以不能隨便混用。

OIE

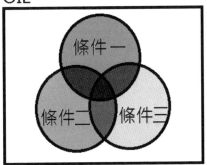

全部的雞

圖21：著色部分為高病源，空白部分則否。

台灣

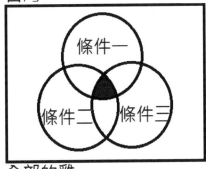

全部的雞

圖21

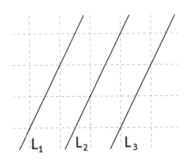

圖22

7-14 邏輯（六）：認識定義、公理、定理，不要用公式

　　我們的數學教科書常常充滿的一堆的數學名詞，如定義、規定、命名、推導、推論、猜測、結論、定理、性質、關係式、線性組合、律（指數律）、一般式、方程式、不等式、恆等式、標準式、面積公式、差角公式、分點座標公式、乘法公式。導致我們的學習一團混亂，但最後不管是什麼名詞，大多數人通通統稱為公式、就是要背，見圖 23。其實最嚴重的影響是沒有培養到邏輯順序觀念。如果我們把全部的數學都一概而論當作同一層級，那麼將會把數學學的莫名其妙。那麼要如何解決這個問題，先認識數學名詞。

1. 定義：命名、規定某情況的意義，如：定義負數的觀念。
2. 公理：不證自明的現象稱為公理，也就是數學推理的起點。如：歐幾里得 Euclidean 的平行公理：通過一個不在直線上的點，有且僅有一條不與該直線相交的直線，見圖 24。
3. 定理：由定義、公理推導的結論，其中包含「律、法則、性質等」。

　　對於數學的名詞我們只需要這三個。而推理的需要使用的動詞：「推導」、「推論」、「結論」。只要這些就夠了，不需要五花八門的一堆詞。我們可以知道定理是由定義與公理推導來的，也就是可以認知定理是第二層而定義與公理是第一層，也就是規則的起點。所以如果可以完整理解這個觀念，就能知道事情是有邏輯且有分層級，見圖 25。

　　如果邏輯的觀念不明會產生問題。以時事來說，台灣 2014 年面臨劣油問題，全民抵制頂新產品，味全遭受牽連，味全老員工擔憂公司可能倒閉，求全民給生存空間。並且有人反應：「不可能因為一個孩子犯錯了，就把他的同學，或是他的兄弟姊妹，一起都要受處罰。」在這邊其實就犯邏輯錯誤，公司出問題，導致全民抵制。出問題該倒閉就是要倒閉，底下員工是受害者，但購買民眾也是受害者，民眾不買也沒有錯誤。為什麼新聞及員工將矛頭指向民眾，暗示不買是殘忍？這是問題沒找出起點原因。用另一個類似的說法，某毒品商利用某小島的民眾種植罌粟花、提煉海洛因毒品，最後毒品大盤被抄家了，島民拼命求情與反對司法對毒品大盤判刑。請問對嗎？這個答案是無庸置疑的，應該處罰販毒商。回到劣油問題，我們問題的起點是廠商，**員工應該找它們負責，而不是找民眾要同情**，這就是邏輯不清的嚴重性。

　　我們要利用數學學好邏輯，以免造成一堆莫名其妙得事情。同時也要避免用公式這個含混不清的名詞，導致何者為起點：定義、公理，何者為推導的結果：定理，兩者邏輯順序不清。

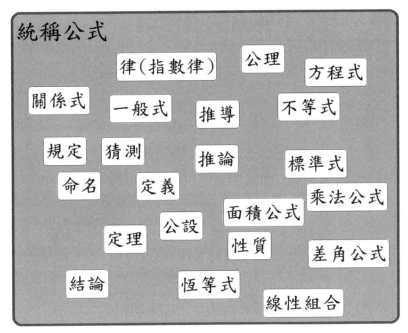

圖23

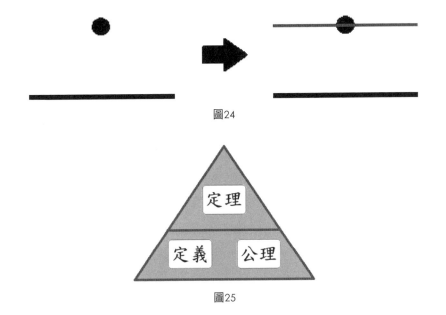

圖24

圖25

7-15 **邏輯（七）：要命的邏輯觀**

差不多的觀念

在台灣很多人的選舉觀念認為都差不多，所以就隨便選了。觀察圖 26。由數線圖可知有 ideal 理想、a、b 兩名候選人。我們都知道理想是追尋的目標，所以候選人的政見不會直接達到理想，因為很難有面面俱到的政見，除非世代進步互相妥協，此理想才能達成。那理所當然的我們應該選擇 a 比較容易達到理想。

因為台灣常有差不多或是五十步笑百步的錯誤觀念，也就是兩個都爛或是都達不到理想，那何不選一個順眼的，這是大部分 35 歲以上的人的邏輯判斷，或可以說是憑喜好而非能力。但這樣的情形會阻礙進步，更甚至是退步。而 35 歲以下的人在錯誤的邏輯環境成長，但也因資訊時代的衝擊，在兩者都爛的前提下，選擇變成以下情形：(1) 兩個都不選。(2) 兩者選較好的 a。(3) 兩者選自己喜歡的。(4) 跟著家裡來選。

整體來說已經前進一小步，不是盲目的選喜歡的，但這仍然不夠，因為我們民主進步的幅度，跟不上社會變壞的腳步，不管是從經濟、房價等等，都能觀察到社會越來越不好生存，如果不能快點做出正確的邏輯選擇，我們未來會越來越糟糕。在先進的民主國家，不論喜好都會選擇 a，而非不邏輯的亂選，或是放棄。

所以我們的邏輯思路要清楚而不能差不多。

「這世界不會被那些作惡多端的人毀滅，而是冷眼旁觀、選擇保持緘默的人。」
—愛因斯坦

「拒絕參與政治的懲罰之一，就是被糟糕的人統治。」
—柏拉圖

「當納粹來抓共產主義者的時候，我保持沉默；我不是共產主義者。
當他們囚禁社會民主主義者的時候，我保持沉默；我不是社會民主主義者。
當他們來抓工會會員的時候，我沒有抗議；我不是工會會員。
當他們來抓猶太人的時候，我保持沉默；我不是猶太人。
當他們來抓我的時候，已經沒有人能替我說話了。」　—德國牧師馬丁・尼莫拉

一概而論的觀念

在這個世界上用錢跟權可得到很多東西，其中就包含學歷，這也被稱做紅包或是後門文化，為了要讓自己的頭銜更好聽，替自己的學歷鍍一層金，到現在有緩和的趨勢，但不可否認的其實全世界都有這樣的現象。畢竟學校也要供薪給老師，所以這現象必然不會被消滅，只是不同學校或多或少都有一點。但是學校如果只是淪為一個收錢作文憑的情況，風評必然不會太好，所以他也需要一部分資優生，可以揚名世界的學生，替學校爭名。而學校願意提供獎學金來栽培這些學生。尤其是以理工科研人才更會大力培養，因為他會直接的反應在科技上。不像其他的學科需要時間的醞釀或是受當代的觀感而改變，比如說藝術。

在台灣判斷一個人優劣，一開始大部分取決於學歷及現有能力，但很不幸的兩者很容易被混為一談。我們都知道做事情不能一概而論，但大多數人就是這樣做的。比如說：台大的學生很棒，但其實不同系所，還是有不同領域的差異性。但大家會一概而論看最前面的稱謂，認為反正是台大的。在台灣社會曾經發生台大生殺人，大家把矛頭指向台大，產生台大也沒教好學生的情緒管理，令部分人認為說念台大也可能會有瘋子同學會殺人的觀感。但平心而論這跟台大無關，這是個人問題，不能用一概而論扯到台大上面。

再看另一件事情，哥倫比亞大學有獎學金學生，也有一般繳學費學生。但很明確的獎學金學生絕對跟一般繳學費學生的等級是不一樣的。但如果繳學費學生做的事情，被人認為是蠢蛋的，會連帶的弄臭學校名聲，甚至是令獎學金學生被歸類成同一間學校應該也是同一種蠢蛋，令他們蒙羞。但實際上不同科系都有能力差異，更何況領獎學金的人能力與地位可以與一般繳錢唸書的人一概而論嗎？

所以觀察人應該避開一概而論的情形，就能力評論一個人。或者說公眾人物明知自己是鍍金出來的，就不要出來打明星大學這個大樹來乘涼。令自己母校或同學連帶被看輕。

所以我們的邏輯思路要清楚而不能一概而論，也不能當作差不多，如同單元 7-14 提到定義、公理、定理的關係，其中的邏輯思路要清楚，不能混為一談。而學好邏輯可從學好數學開始。所以柏拉圖才為在他的學院門口立上「不懂幾何者禁止入內」的字，因為意味著邏輯不好，也相對隱喻民主素養不夠。

圖27：文藝復興時期大畫家拉斐爾(Raffaello)的溼壁畫〈雅典學派〉

7-16 邏輯（八）：樹狀圖的思維

　　我們可以看到街道如圖 28，交匯處用圓點來表示。警察要巡邏每個點，業務要每條街都要經過，那麼有幾種方法。這種問題在生活上常會面臨，這是用樹狀圖來計算排列數的問題。

　　警察要巡邏每個點，將點標示 abc，見圖 29。分別討論各個起點開始有幾種，就要利用樹狀圖的結構了，見圖 30。可以清楚的發現巡邏一共有 12 種的方式，並且可發現 a 與 c、b 與 d 的樹狀圖結構相同，這是為什麼？因為它們在街道圖的位置經拓樸變形後是對稱位置，見圖 31。

　　業務是每條街都要經過，將邊標示 abc，見圖 32。利用樹狀圖的結構計算數量，見圖 33。可以清楚的發現作業務一共有 12 種的方式走街道，並且可發現 a 與 c、d 與 e 的樹狀圖結構相同，這是為什麼？因為它們在街道圖的位置經拓樸變形後是對稱位置，見圖 34。

　　當我們習慣用樹狀圖後，可以發現做事情會清楚有幾個方法可用，條理清晰。

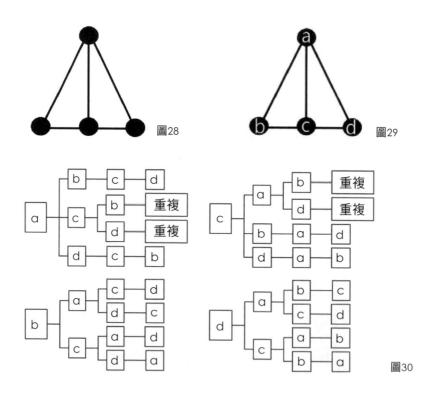

圖28　圖29　圖30

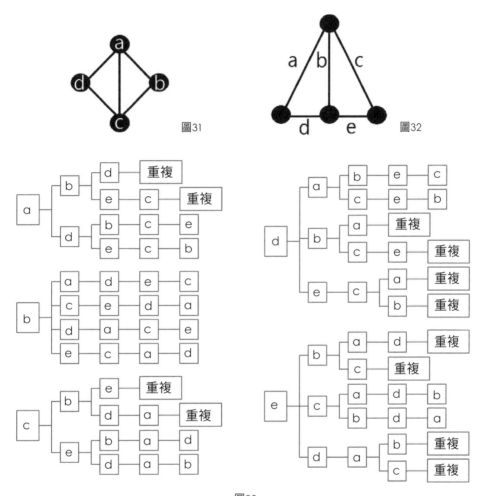

圖31

圖32

圖33

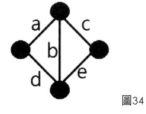

圖34

7-17 邏輯（九）：不邏輯的國家無法進步

中國早期的科學領先歐洲一大截。如：指南針、火藥、造紙和印刷以及天文、地理，見圖 35、圖 36。雖然中國古代有技術研究，也精於記錄，實驗，但卻缺乏邏輯、系統的科學理論。到了現代已經知道得到諾貝爾獎的中國人很少，甚至可以說是沒有，即使有也不是在中國的環境長大的。為什麼會有這樣的情形？答案是不邏輯的文化影響。參考以下內容可有更清楚的概念。

中國是皇帝制度，皇帝殺人可憑鑑喜好，所以才有「君要臣死，臣不得不死」的荒謬言論，使得科研人員伴君如伴虎，這樣的國家科學發展會進步嗎？除此之外，中國受儒教文化，更不容易形成一套邏輯性的思維。儒教重禮，凡事先講禮，再講理。並且上下層級非常嚴格，下完全不可以對上無禮。否則就無法討論。所以產生奇怪的問題，到底是禮貌重要，還是解決問題講道理重要。在台灣不講理，只講禮的狀況，也層出不窮，難怪大家邏輯也一塌糊塗，沒機會好好練習，對的推理，邏輯結構被禮整個打亂。

同時中國也受宗教也影響科學理論的產生。引用**李約瑟** (Joseph Terence Montgomery Needham) 所說的內容「不是中國人眼中的自然沒有秩序，而是秩序由非理性的人所制訂。因此人們後來用理性的方式闡明，制定好的神聖法典，這相當沒有說服力。同時道教人士也會藐視這樣的見解，對於他們憑直覺所知的宇宙微妙處和複雜性來說，科學理論實在是太幼稚了。」

所以我們想要科學進步，還是要從邏輯開始做起，而學會邏輯的第一步就是認識數學。並且不要將**邏輯、理性思維**與**溫良恭儉讓、禮貌**畫上等號，理性與禮性是完全不同的，講道理時不管是大聲、小聲、態度好不好，對的事情就是對的事情，難道輕聲細語的說太陽是從西邊出來就會是對的嗎？**所以必須講理＝邏輯，而不是講禮＝禮貌**，並且事情要抽絲剝繭，每一處都要完整說明，而不是混沌討論、一概而論。

小博士解說

目前國家進步的指標，民主也是其中之一。如何讓大多數民意得以執行，而不是被少數人用不邏輯的方式控制，這需要一個有效的方法。幸運的是21世紀的我們有強大的網路，我們可以用網路的力量來監督政府，讓其不敢太過離譜。

在2013年芬蘭已經有了**全民直接民主**的意識與接近的方法。他們利用網路來提出並表決出一些議題，並且要超過一定人口比例，再送到一個政府機關審核問題是否合理，最後才到國會議員手中。國會議員並不只是執行一個簡單的同意、反對，而是不論同意、反對都必須說出理由。芬蘭利用這樣的方法來避免國會太過背離民意，太過不邏輯，這一套**全民直接民主**模式稱為：Open Ministry。有了領頭羊，世界利用網路讓全民直接民主，避免不合理、不邏輯的政治形態已經不遠了。

對於台灣更是一個重要的啟發，台灣現在處於思考改變的階段，但要如何用一個好方法來執行全民直接民主讓國家進步，不只需要一個更完善的方法，還需要大家對於民主的意識更加提升，而不是認為民主只是投票而已。

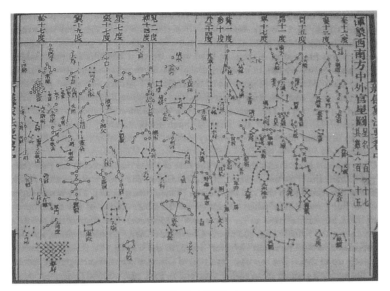

圖35，星象圖：圖片取自WIKI

圖36，地動儀，取自WIKI，CC3.0，作者：Kowloonese

「不論教師、學生或學者，若真要了解科學的力量和面貌，必要了解知識的現代面向是歷史演進的結果。」

庫朗 (Richard Courant)，1888 － 1972，德裔美國數學家

「一個乾淨的桌子是一個記號，代表腦袋空空的。花時間整理桌子，你是瘋了嗎？」

賀伯特·羅賓斯 (Herbert Robbins)，美國數學家、統計學家

圖片，解構主義建築，取自Wiki，CC3.0，作者，Hans Peter Schaefer

第八章
其他

8-1 **神奇的數字（一）**

在十進位中有很多的數字巧合，很多很特別的數字規則是我們不曾接觸過的，接著我們來看許多有趣的數字。

黑洞數

1955 年，印度數學家**卡布列克** (D.R.Kaprekar) 將一種特別性質的數，命名為 Kalyan constant 中文稱作卡布列克常數又稱黑洞數。黑洞數的意義：數字不完全相同，將數字由大到小的排列減去由小到大的排列，不斷的重複動作，最後會固定在某個數。如：594，第一步 f(594) = 954-459 = 495、第二步 f(495) = 954-459 = 495，所以此三位數經過運算後會永遠等於 495，如同被黑洞吸住逃不出來，所以中文翻成黑洞數。

這種不可思議數字其功用不知，但我們可以多了解數字的特殊性。但由於要找出此種數字太麻煩，所以並不容易計算，幸好現在可以利用電腦來找出此種特別的數字。

三位數的狀況： 有 1 個黑洞數
任何數為起點經運算後都會到 495
四位數的狀況： 有 1 個黑洞數
任何數為起點經運算後都會到 6174
如：9891 為起點，
第一步：f(9891) = 9981-1899 = 8082，
第二步：f(8082) = 8820-0288 = 8532，
第三步：f(8532) = 8532-2358 = 6174，
第四步：f(7641) = 7641-1467 = 6174 終點
如：1467 為起點，f(1467) = 7641-1467 = 6174，f(6174) = 7641-1467 = 6174 終點
五位數的狀況： 沒有個黑洞數，但有 2 個五次循環、1 個三次循環
五次循環
71973 → 83952 → 74943 → 62964 → 71973
82962 → 75933 → 63954 → 61974 → 82962
三次循環
53955 → 59994 → 53955
六位數的狀況：有 2 個黑洞數、及 1 個七次循環
任何數為起點經運算後都會到 631764、549945
七次循環
420876 → 851742 → 750843 → 840852 → 860832 → 862632 → 642654 → 420876
七位數的狀況：沒有黑洞數，只有 1 個 8 次循環
7509843 → 9529641 → 8719722 → 8649432 → 7519743 → 8429652 → 7619733
→ 8439522 → 7509843

八位數的狀況：有 2 個黑洞 63317664、97508421
九位數的狀況：有 2 個黑洞 554999445、864197532
十位數的狀況：有 3 個黑洞 6333176664、9753086421、9975084201

神奇的小數順序

除此之外數字還有哪些特別的數字情形呢？還有一個特別的分數：$\dfrac{1}{998001}$。哪裡特別呢？看看他的小數情形$\dfrac{1}{998001}=$

0. 000 **001** 002 **003** 004 **005** 006 **007** 008 **009** 010 **011** 012 **013** 014 **015** 016 **017** 018 **019**
020 **021** 022 **023** 024 **025** 026 **027** 028 **029** 030 **031** 032 **033** 034 **035** 036 **037** 038 **039**
040 **041** 042 **043** 044 **045** 046 **047** 048 **049** 050 **051** 052 **053** 054 **055** 056 **057** 058 **059**
060 **061** 062 **063** 064 **065** 066 **067** 068 **069** 070 **071** 072 **073** 074 **075** 076 **077** 078 **079**
080 **081** 082 **083** 084 **085** 086 **087** 088 **089** 090 **091** 092 **093** 094 **095** 096 **097** 098 **099**
100 **101** 102 **103** 104 **105** 106 **107** 108 **109** 110 **111** 112 **113** 114 **115** 116 **117** 118 **119**
120 **121** 122 **123** 124 **125** 126 **127** 128 **129** 130 **131** 132 **133** 134 **135** 136 **137** 138 **139**
140 **141** 142 **143** 144 **145** 146 **147** 148 **149** 150 **151** 152 **153** 154 **155** 156 **157** 158 **159**
160 **161** 162 **163** 164 **165** 166 **167** 168 **169** 170 **171** 172 **173** 174 **175** 176 **177** 178 **179**
180 **181** 182 **183** 184 **185** 186 **187** 188 **189** 190 **191** 192 **193** 194 **195** 196 **197** 198 **199**
200 **201** 202 **203** 204 **205** 206 **207** 208 **209** 210 **211** 212 **213** 214 **215** 216 **217** 218 **219**
220 **221** 222 **223** 224 **225** 226 **227** 228 **229** 230 **231** 232 **233** 234 **235** 236 **237** 238 **239**
240 **241** 242 **243** 244 **245** 246 **247** 248 **249** 250 **251** 252 **253** 254 **255** 256 **257** 258 **259**
260 **261** 262 **263** 264 **265** 266 **267** 268 **269** 270 **271** 272 **273** 274 **275** 276 **277** 278 **279**
280 **281** 282 **283** 284 **285** 286 **287** 288 **289** 290 **291** 292 **293** 294 **295** 296 **297** 298 **299**
300 **301** 302 303 304 **305** 306 **307** 308 **309** 310 **311** 312 313 314 **315** 316 **317** 318 **319**
320 **321** 322 **323** 324 **325** 326 **327** 328 329 330 **331** 332 **333** 334 **335** 336 **337** 338 **339**
340 **341** 342 **343** 344 **345** 346 **347** 348 **349** 350 **351** 352 **353** 354 **355** 356 **357** 358 **359**
360 **361** 362 **363** 364 **365** 366 **367** 368 **369** 370 **371** 372 **373** 374 **375** 376 **377** 378 **379**
380 **381** 382 **383** 384 **385** 386 **387** 388 **389** 390 **391** 392 **393** 394 **395** 396 **397** 398 **399**
400 **401** 402 **403** 404 **405** 406 **407** 408 **409** 410 **411** 412 **413** 414 **415** 416 **417** 418 **419**
420 **421** 422 **423** 424 **425** 426 **427** 428 **429** 430 **431** 432 **433** 434 **435** 436 **437** 438 **439**
440 **441** 442 **443** 444 **445** 446 **447** 448 **449** 450 **451** 452 **453** 454 **455** 456 **457** 458 **459**
460 **461** 462 **463** 464 **465** 466 **467** 468 **469** 470 **471** 472 **473** 474 **475** 476 **477** 478 ···

可以發現有一個神奇的三位一組的規律。那麼有沒有四位一組的規律呢？這就要再去找找了。

8-2 **神奇的數字（二）**

乘法規則

- 神奇的 123456789 與 9 倍數的乘法一

123456789	×	9	=	111111111
123456789	×	18	=	222222222
123456789	×	27	=	333333333
123456789	×	36	=	444444444
123456789	×	45	=	555555555
123456789	×	54	=	666666666
123456789	×	63	=	777777777
123456789	×	72	=	888888888
123456789	×	81	=	999999999

可以看到都是連續一樣的數字。

- 神奇的 123456789 與 9 倍數的乘法二

0	×	9	+	1	=	1
1	×	9	+	2	=	11
12	×	9	+	3	=	111
123	×	9	+	4	=	1111
1234	×	9	+	5	=	11111
12345	×	9	+	6	=	111111
123456	×	9	+	7	=	1111111
1234567	×	9	+	8	=	11111111
12345678	×	9	+	9	=	111111111
123456789	×	9	+	10	=	1111111111

可以看到都是位數都是 1。

- 神奇的 123456789 與 8 的乘法

1	×	8	+	1	=	9
12	×	8	+	2	=	98
123	×	8	+	3	=	987
1234	×	8	+	4	=	9876
12345	×	8	+	5	=	98765
123456	×	8	+	6	=	987654
1234567	×	8	+	7	=	9876543
12345678	×	8	+	8	=	98765432
123456789	×	8	+	9	=	987654321

可以看到結尾有順序性。

- 神奇的 9 與 8

0	×	9	+	8	=		8
9	×	9	+	7	=		88
98	×	9	+	6	=		888
987	×	9	+	5	=		8888
9876	×	9	+	4	=		88888
98765	×	9	+	3	=		888888
987654	×	9	+	2	=		8888888
9876543	×	9	+	1	=		88888888
98765432	×	9	+	0	=		888888888
987654321	×	9	+	(-1)	=		8888888888
9876543210	×	9	+	(-2)	=		88888888888

可以看到都是位數都是 8。

- 神奇的平方

1	×	1	=		1
11	×	11	=		121
111	×	111	=		12321
1111	×	1111	=		1234321
11111	×	11111	=		123454321
111111	×	111111	=		12345654321
1111111	×	1111111	=		1234567654321
11111111	×	11111111	=		123456787654321
111111111	×	111111111	=		12345678987654321

可以看到結尾有順序性。

- 神奇的 142857 的循環

142857	×	1	=	142857
142857	×	2	=	285714
142857	×	3	=	428571
142857	×	4	=	571428
142857	×	5	=	714285
142857	×	6	=	857142
142857	×	7	=	999999

可以看到都是一樣的循環數字。

以上都是數字神奇的數字結果，還有更多有趣又特別的情形等著我們去發現。

8-3 一張牛皮能圍的最大土地－等周問題

　　等周問題的意思是相等周長的時候，什麼圖案會得到最大的面積？看看下列故事可以更了解：「一張牛皮圍起來的山」。在神話之中，一個逃亡的人名叫狄多，到達了非洲北海岸，想買一塊土地當自己的家園，原本對方不答應。狄多要求一張牛皮能圍起來的土地就好，對方心想應該也不大，於是答應了。但狄多把牛皮切成細條接起來，圍起了一座山，買走了一座山，山名是畢爾薩山，而這個圖形是圓形。想一想為什麼狄多選擇以**圓形**的方式，來圍繞這個山呢？因為他知道周長固定時，面積最大是圓形。

　　每當討論等周問題的答案是圓形時，有人歸功於神話的緣故。數學家對於把答案歸功於神話的緣故感到不舒服。數學家認為有關數學的事情，都應該能用數學來解釋，不需要用其他外力來描述。為此提出了一串的證明。得到了：1. 周長（長度）與面積，沒有直接關係。2. 在固定周長時最大面積的圖形：i 如果不限制圖形，則最大面積的圖形為「圓形」，ii 如果限制是矩形，則最大面積的圖形為「正方形」。在數學家還沒提出這個結論前，常有無知的人，地理學家，認為城牆越長、土地面積越大。並且有聰明才華的人，愚弄人的投機商人，拿周長較長但面積小的土地，換取周長較短，但面積大的土地。例如：拿周長 30、長 13、寬 2、土地面積 26，換取周長 24、長 6、寬 6、土地面積 36。竟然還獲得了「超級誠實嘉譽」。

數學家如何來處理等周問題。

　　第一步驟：以周長 20 為例，如果是矩形（長方形），假設長是 x，寬是 $10-x$，面積 $= x(10-x)$，配方法得到面積 $= -(x-5)^2 + 25$，所以在 $x = 5$ 的時候，有最大值面積 $= 25$。

　　第二步驟：如果是平行四邊形呢？看圖形答案就能顯而易見了，相同周長時把正方形弄歪，就是平行四邊形。平行四邊形隨著高的變小面積就越小。一定比正方形面積小。見圖 1。

　　第三步驟：四邊形中可以發現用正方形，那三角形呢？見圖 2 與表 1，證明要借助海龍定理：三角形面積 $= \sqrt{s(s-a)(s-b)(s-c)}$ ，計算三角形面積。

　　a、b、c 為三角形各個邊長，s 是周長一半，$s = \dfrac{a+b+c}{2}$，如果固定周長，只要 $(s-a)$ $(s-b)(s-c)$ 相乘數字是最大，面積就是最大那 a、b、c 應該是怎樣的關係，就能知道是不是正三角形而計算結果的確 $a = b = c$，這邊就不多說證明過程。

　　第四步驟：30 是正三角形的周長，面積是 43.3；30 是正方形的周長，則邊長是 7.5，所以面積是 56.25，推理，周長一樣的正多邊形，邊數越多的正多邊形面積越大。周長一樣時，正三角形面積 < 正方形面積 < 正五邊型面積 < 正六邊形面積 < ……。

　　第五步驟：當正多邊形的邊數越多，假設是正 1000 邊形，已經很接近圓形了。猜測會不會周長相等時，面積最大會是圓形。事實上我們圓形的面積，也是用正多邊形去算，所以的確是圓形。

　　結論：固定周長時，圓形的確是最大的面積。如果是矩形（長方形），固定周長時，正方形會有最大面積。反過來說，固定面積時，正方形周長最小。

馬路上的人孔蓋不是長方形就是圓形，想想看是為什麼？

　　1. 人體橫切面比較像是橢圓，接近圓形，方便通過。2. 相同大小的面積，周長最小，

可以省邊框材料，要省成本從邊框下手。一個蓋子，一個是壓在底下的邊框。3. 移動時方便，可以用滾動。4. 被車子壓到時，圓形受力會平均，壓到時翹起一邊不至於壓彎，長方形就相對容易壓彎。5. 人孔蓋以長方形的形狀，應該是早期施工，沒想到圓形的便利性。也可能是正方形製作上不易工整，長方形相對容易，同時長方形存在黃金比例，相較之下長方形較好看。

有時兩人腰圍一樣，但是看起來一個比較胖、一個比較瘦，這到底是為什麼？

有人說是圓身（厚片人）、扁身（紙片人）的關係，是什麼意思？這句話說的是我們身體橫切面的形狀，圓身代表橫切面是圓形，扁身代表是橫切面是比較扁的圓形，也就是橢圓形。但胖瘦跟圓形與橢圓形有什麼關係，這也是等周問題？基本上來說在同樣的周長下，圓形可以得到最大的面積，橢圓在周長一樣的情形下，是不會面積比圓形大。用橡皮筋來說明，假設它圓形有一個面積，拉長到變一條線時面積會變0，用圖形來看，圓形慢慢拉成橢圓到一條線，面積的變化，見圖3。很明顯的，在周長不變的情形下，圓形到橢圓面積不斷變小。面積小體積就小，所以看起來瘦，面積大體積就大，故看起來胖。在拉長過程中，面積就是不斷的變小。換成身材：圓身的人，身體前胸到後背比較厚，所以較厚實，看起來比較壯或胖。扁身的人，身體前胸到後背比較薄，所以較單薄，看起來是紙片人。

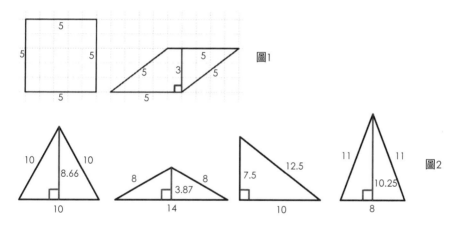

表 1

	正三角形	鈍角三角形	直角三角形	銳角三角形
面積	43.3	27.09	37.5	41

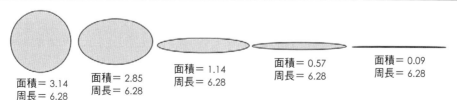

圖3

8-4 **夕陽為何在最後會加速掉落**

　　夕陽為何那麼的短暫，最後感覺還有一段高度距離，卻一瞬間就西下了，似乎最後一瞬間會加速沉沒。觀察太陽圓弧軌跡示意圖，依照地球自轉的角度，見圖 4。太陽轉動每一角度所花時間是一樣的，因為太陽的移動，以地球為固定點觀察，而地球不斷自轉，那太陽的位置，會呈現一個圓弧的感覺，移動的時間變化就是角度變化。但是對於我們來說，太陽在越靠近中午的時候，會感覺高度變動都不大。但是過了下午 3 點之後，就開始降落的特別快。尤其是去看夕陽的時候，感覺還很長一段距離，卻在短短的 1 分鐘內，加快掉下去。

　　圖 5 是一個圓弧與一個點，圓弧是太陽光的軌跡，點代表人，假設在那天時間的太陽光軌跡是 12 點在 90 度，6 點在 0 度。從圖 6 可以看到一段圓弧、一條折線，每次在線轉折後，會在圓弧上留下點，每點時間間隔都是一樣的，但是我們可以發現橫線變短，而直線變長，而直線就是高度的距離，而直線越長，就代表降下去越多。過 12 點之後，就是越降越快，如同滾雪球下山一樣，越滾越快。

　　這是看大範圍的時間，以此類推小範圍，把時間切成無數份，用分鐘為單位，下一分鐘比上一分鐘，下降的多，因為下降多所以感覺速度很快。所以在最後一分鐘的時候，感覺夕陽西下速度加快。這是感覺錯誤，其實這只是角度的問題，時間是一樣的，並沒有加快。對於我們觀察圓弧，感覺加快是掉落距離是變大的緣故。

　　同樣的，太陽升起也是同樣觀念，不過是反過來，升得很快，上升漸漸變慢一直到正中午，再開始降落。同樣的月亮也是同樣的觀念。太陽對於地球的觀察軌跡，是個接近圓的弧線，所以用圓形來解釋，可以快速理解。

小博士解說

　　日初或日落時，為什麼太陽看起來特別大，並且天空中是紅色和橙色為主？主要是因為陽光被空氣中的塵埃、和其他固體的氣溶膠、液體的氣溶膠**散射**造成的太陽周圍暈開一圈絢麗的光環，而主要紅色與澄色。

　　並且日落時的太陽色彩通常比日初時更加炫麗，是因為黃昏時的空氣中有著比日初時更多的氣溶膠等微粒。而日初的空氣中的灰塵，經過一夜的沉澱，導致氣溶膠等微粒在空氣中變少，所以散射數量減少。所以日落時的太陽色彩通常比日初時更加炫麗。

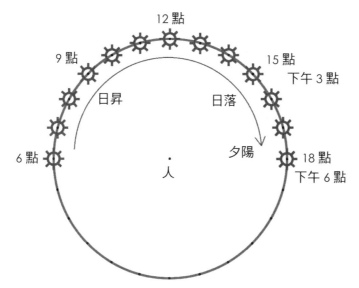

圖4：圓心與圓周上每一個點連線，就是人與太陽的位置連線

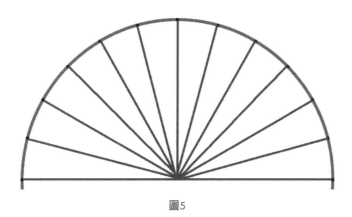

圖5

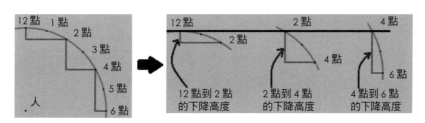

圖6。

8-5 **為什麼入射角＝反射角**

在自然界中可以發現，撞球的碰撞具有入射角＝反射角的現象，光的反射也具有入射角＝反射角的現象，見圖 7，這是自然界的必然現象，所以物理學將它當作是直覺。但在數學家的角度，卻不完全認為是直覺，數學家發現此路線是 A 點反彈到 B 點的最短距離。並且假設反彈路徑要找出最短距離，經證明後只能是入射角＝反射角，證明請看圖 8 至圖 13。

啟蒙時期大多數有宗教信仰的西方數學家、科學家由入射角＝反射角的事實說明，上帝決定這個性質必定有意義。因為若入射角≠反射角，會造成不同的角度有不同的長度；所以才會用**唯一**的情形：入射角＝反射角。

西方數學家相信上帝是用數學來創造這個世界，祂讓物體的移動在兩點的移動時，走最短距離＝直線，同樣祂不會讓反彈走「非最短距離」，所以才會選**最經濟、最短的路徑**，而此最短路線的數學假設，會推導出入射角＝反射角的結論。

這說明了西方數學家的信念：上帝是用數學來創造這個世界，所以相信人類可以用數學的方法來了解自然界。

為什麼「路線是最短距離」，則入射角＝反射角？

假設路線是最短距離

1. 有兩點在線的同一側，見圖 8。
2. 作 A 點的對稱點 A'，並連線 A' 與 B，這是 A' 到 B 的最短距離，見圖 9。
3. 因為對稱，所以全等，故角相等、邊長相等，所以 A 到線反彈到 B 也是最短距離，見圖 10。
4. 圖中具有對頂角相等，見圖 11。
5. 作法線後可發現入射角＝反射角，見圖 12。
6. 如果入射角≠反射角時，觀察圖案，可發現任兩邊和大於第三邊，不是最短距離，見圖 12。

所以路線是最短距離，則入射角＝反射角。

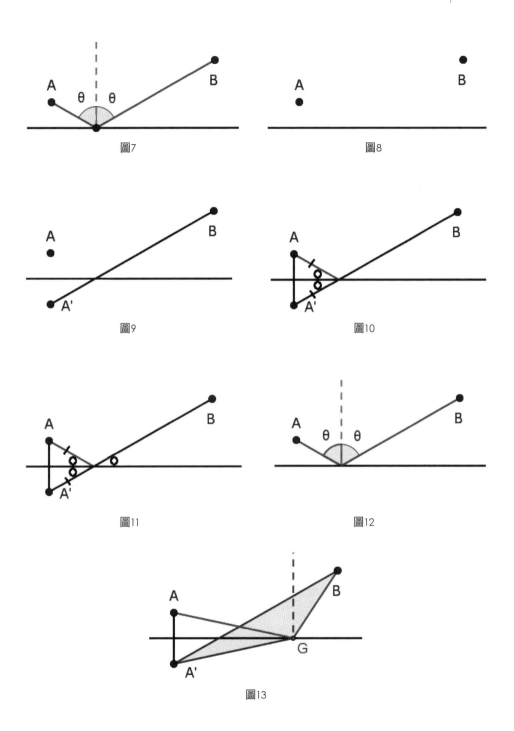

圖7

圖8

圖9

圖10

圖11

圖12

圖13

8-6 乘法、除法直式由來

　　乘、除法直式怎麼來的？為什麼乘法要斜放？為什麼除法由左向右？乘法、除法利用到的是分配率的概念。先看一位乘法一位，並沒有所謂特別的地方，就是九九乘法表。但是到了二位數乘法就出現一個特別地方，變成要斜放。用圖解的方式說明直式的由來：利用長方形的面積計算方式，見圖 14。

$$5 \times 13 = 65$$

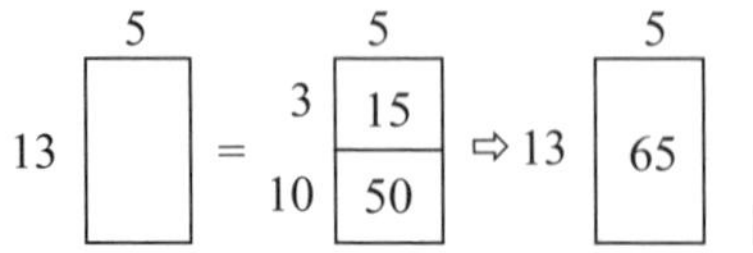

圖14

乘法直式省略 0 由來：二位數字乘一位數字

　　把直式乘法用分配律來表示橫式乘法，即可知道直式乘法省略 0 由來，見表 2。

表 2：「零」，加起來時後不影響數字，所以把 0 省略。就可以發現為什麼要斜放了。

橫式	乘個位	乘十位	合併	直式
13×5 $= (3+10) \times 5$ $= 3 \times 5 + 10 \times 5$ $= 15 + 50$	3 $\times \quad 5$ ――― 15	$1\,0$ $\times \quad 5$ ――― $5\,0$	$1\,5$ $+ \quad 5\,0$ ――― $6\,5$	$1\,3$ $\times \quad 5$ ――― $1\,5$ $\quad 5$ ――― $6\,5$

　　除法直式由來：除法直式由來，為什麼由大到小（由左向右）？除法是連續減法，直式同樣的也是利用分配律變過來，我們先來看看題目，大致上是利用乘法的反推。見表 3 至表 5。

表 3：一位數的除法

整除情形	整除直式除法	有餘數情形	餘數直式除法
$6 \div 2 = ?$ $6 \underline{-2-2-2} = 0$ 　　3次 $6 - (2 \times 3) = 0$ 6 可以減 2，減三次 $6 \div 2 = 3$	$\begin{array}{r} 3 \\ 2\overline{)6} \\ \underline{6} \\ 0 \end{array}$	$7 \div 2 = ?$ $7 - 2 - 2 - 2 = 1$ $7 - (2 \times 3) = \underset{\text{餘數}}{1}$ $7 = 2 \times 3 + \underset{\text{餘數}}{1}$	$\begin{array}{r} 3 \\ 2\overline{)7} \\ \underline{6} \\ 1 \end{array}$

表4：整除情形

如果今天有246元分給2個人	$\begin{array}{r}1\\2\overline{)246}\\2\end{array}$ $\begin{array}{r}1\,2\\2\overline{)246}\\2\\4\\4\end{array}$ $\begin{array}{r}1\,2\,3\\2\overline{)246}\\2\\4\\4\\6\\6\\0\end{array}$
正常作法應該是分最大的鈔票開始分 先1人各拿1張100元，2人共拿去2張	
有4個10元，繼續分 一人各拿2個10元，2人共拿去4個	
有6個1元，繼續分 一人各拿3個1元，剩0元，剛好都分完	

所以一人有　$1\times100+2\times10+3\times1=100+20+3=123$

看橫式　$246\div2=(200+40+6)\div2=\dfrac{200+40+6}{2}=\dfrac{200}{2}+\dfrac{40}{2}+\dfrac{6}{2}$

　　　　$=100+20+3$　可以看到各分得幾個一百、幾個十元、幾個一元
　　　　$=123$

　而如果從最小的開始分，就是一直慢慢分，不夠方便。

表5：有餘數情形

如果今天有526元分給3個人， 有5張100元、2個10元、6個1元， 應該怎麼分最快？一人可拿多少？	$\begin{array}{r}1\\3\overline{)526}\\3\\2\end{array}$ $\begin{array}{r}1\,7\\3\overline{)526}\\3\\22\\21\\1\end{array}$ $\begin{array}{r}1\,7\,3\\3\overline{)526}\\3\\22\\21\\16\\15\\1\end{array}$
正常作法應該從最大的鈔票開始分 先一人各拿1張100元，3人共拿去3張，剩2張100元	
將2張100換20個10元， 原本有2個10元，變成22個10元， 再繼續分一人各拿7個10元， 3人共拿去21個，剩1個10元	
將1個10元換成10個1元， 原本有5個1元，變成16個1元， 再繼續分一人各拿5個1元， 3人共拿去15個，剩1元。	

所以一人有　$1\times100+7\times10+5\times1=100+70+5=175$　，剩1元。

看橫式　$526\div3=(500+20+6)\div3=\dfrac{500+20+6}{3}=\dfrac{500}{3}+\dfrac{20}{3}+\dfrac{6}{3}$

　　　　$=(\dfrac{300}{3}+\dfrac{200}{3})+\dfrac{20}{3}+\dfrac{6}{3}$　可以分的分，不能分得給後項

　　　　$=\dfrac{300}{3}+\dfrac{220}{3}+\dfrac{6}{3}=\dfrac{300}{3}+(\dfrac{210}{3}+\dfrac{10}{3})+\dfrac{5}{3}=\dfrac{300}{3}+\dfrac{210}{3}+\dfrac{16}{3}$　分開算

　　　　$=100+70+5+\dfrac{1}{3}\Rightarrow$ 每人175，剩1元。

　而更多位數除法也是一樣。當然橫式作法看起來很奇怪，但可以幫助瞭解直式的由來。最後了解乘除法直式的由來後，就不會有疑問。

8-7 為什麼 $y = \dfrac{1}{x}$ 是曲線？

　　這是一個充滿想像力的圖形，把函數所能找到的點，兩點連接起來都是一直線，所以把很多點連起來的圖形，都是一段一段的直線，此時函數是折線圖，當我們找到的點，越多越密的時候，折線圖會越貼近真正圖形，但這時 $y = \dfrac{1}{x}$ 還是折線圖，那為什麼說 $y = \dfrac{1}{x}$ 是曲線？

　　已知 2 點之間會有無限多點，可以不斷的二分之一，把想像力放大，找出無限多的中點，不管是有理數還是無理數，都有無限多的點。每兩點相差的距離非常非常小，所以這兩點 y 值非常貼近，如下圖，會發現到圖 15 離曲線還有一段差距，而圖 16 就非常接近了。換句話說，當折線無限多時，每一個折線都很短，整體越來越平滑，整體貼近真正圖形。由圖案可以知道說，兩點之間的直線，會越來越貼近曲線，但直線終究不是曲線，這時候一個問題出現了，為什麼會認為它是直線？

　　任兩點之間，都可以繼續找到一點，這數字真的是在中間，使得這直線其實是會不斷凹陷下去，是不斷凹下去的線，它的確不是直線、也不是一段一段折線；它是一個曲線。見圖 17。所以**無限多的很短的折線就是曲線。**

　　同時圓就是一個曲線，利用割圓法，越切越細，可以反過來看成好多好多直線，圖 18。可以看到圓這個真實曲線，一樣可以用好多的折線去逼近它，同樣的沒有極限，可以無限分割下去，也可以說圓形是一個正多邊形，只是圓形的邊數無限大。所以曲線與無限折線有類似的關係，無限多的極短折線的組合會趨近曲線。

　　因此可理解折線會無限下凹靠近曲線，而真實曲線可以作出無窮折線靠近曲線。所以作出一個往內逼近的無限折線就是曲線，而不是一段段的折線；故 $y = \dfrac{1}{x}$ 是曲線。

小博士解說

　　一般來說，兩點之間最短的距離就是連結兩點的直線段。但在宇宙空間中，兩點之間最短的距離未必是連結兩點的一直線，在愛因斯坦的相對論，兩點之間的最短距離因受重力影響，變成一條曲線，稱為 Geodesic（測地線）。也可想像成為球面上的兩點的最短距離，而這也是非歐幾何的一種。依據相對論的論證，在真實的自然界中，非歐幾何比歐氏幾何更為常見。歐氏幾何只能應用到較小的空間範圍如地球表面。

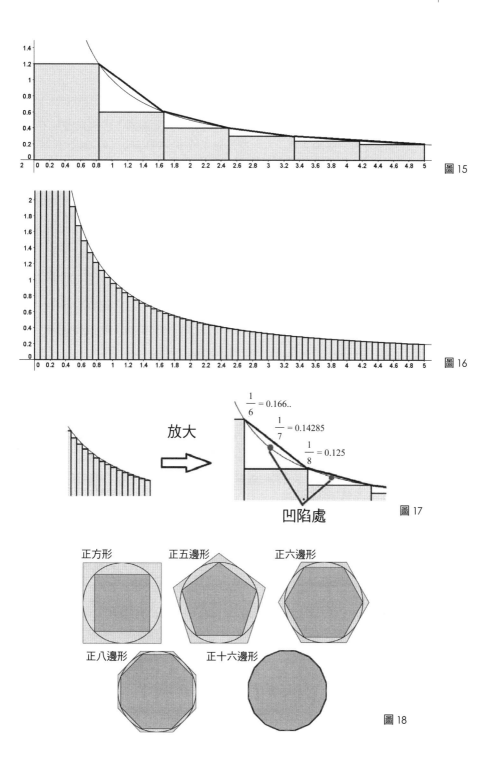

圖 15

圖 16

圖 17

$\frac{1}{6} = 0.166..$

$\frac{1}{7} = 0.14285$

$\frac{1}{8} = 0.125$

放大

凹陷處

正方形　　　正五邊形　　　正六邊形

正八邊形　　　正十六邊形

圖 18

8-8 現代應用（六）：幾何與危險的轉彎視線死角

　　車子轉彎時，後輪會經過的範圍，就是轉彎視線死角。此範圍不可有東西，不然會發生危險。轉彎視線死角的範圍有多大，我們先思考車子轉彎的原本位置與轉彎後位置。見圖19。部分人可能會認為此位置是安全的，見圖20。但這是危險的，我們看車子的轉彎連續圖，見圖21。可以發現快被壓到了，這是為什麼？因為一般人認為與轉彎有關的只是前輪，所以只考慮了前輪的問題。見圖22。但在轉彎時的車子經過的區域也與後輪有關，圖23。所以右轉車子得經過區域與左前輪與右後輪有關，左轉反之。看圖可知道由外而內的第二環狀區域就是危險範圍，就是轉彎視線死角。用圓形的圖案可簡單理解轉彎視線死角的危險性。

小博士 解說

　　車子的死角不只是轉彎時要注意，同時還有車體的高度帶來的上對下視線死角，更甚至是車子正後方。以及車體帶來的視線的死角，即便是有後照鏡，但對於駕駛來說，都還是有看不見的區域，見圖，如果人待在那個區域，有很大機率會發生傷亡。所以我們要避開車子以確保安全。

　　在2008年台灣高一生吳柏陞因親人車禍過世，其原因是對方駕駛因汽車的左前柱死角而沒看到，為了避免其他人再度發生相同的事故。他利用鏡子與光的折射原理，消滅了汽車左前柱的死角，詳情可參考影片：

　　https://www.youtube.com/watch?feature=player_detailpage&v=6gKcv_81oGU

　　並獲得台英專利，所以未來或許可以利用數學幾何與物理光學的結合，可以做出零死角的車。

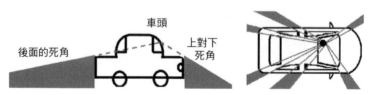

202 | 203

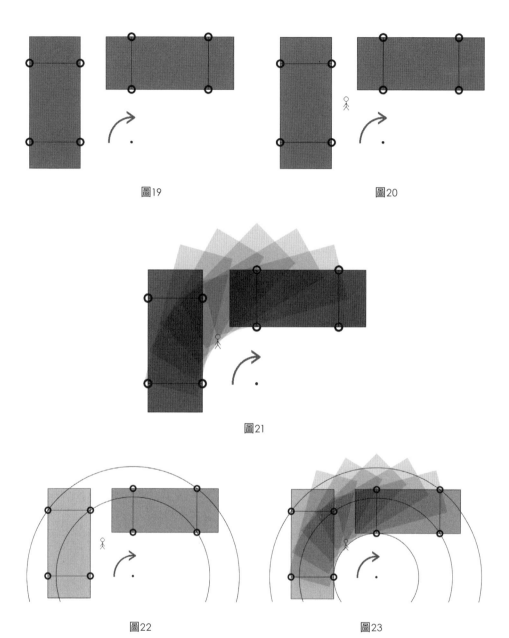

圖19

圖20

圖21

圖22

圖23

8-9 **現代應用（七）：幾何與停車格、走道的大小**

　　停車格與走道的大小怎麼計算？首先要了解車子的轉彎原則，它是靠前輪轉動，後輪被帶動，觀察圖 24。可以發現轉彎有兩個圓形，而經過的區域就應該是停車格或是走道的部分，我們來觀察經過區域有多大，如圖 25。我們必須利用這個概念來思考停車格與走道的大小，其中要注意的是最外圈是左車頭有關、第二圈是左車尾有關、最內圈是右後輪，如圖 26。所以我們的停車格與走道最少必須能容納這些覆蓋區域，如圖 27。而走道不一定能那麼寬，有沒有比較好的方式來把走道寬度變小？答案是把停車格斜畫，如圖 28。至於傾斜幾度則看停車場的形狀。用圓形的圖案可簡單理解如何規畫停車格與走道的大小的原理。

小博士解說

　　車子與車子間在行進間，有時為了超車而更換車道，但駕駛的視線常因前車擋住要更換車道的情況，在此情況下，最好先加大與前車的距離，才可以看到更多更換車道的情形，得到更廣的視野，以免更換車道後發現車道前方有障礙物或是其他車輛等問題。加大與前車的距離得到更廣的視野，這也是可以用數學幾何圖案簡單說明的情形。

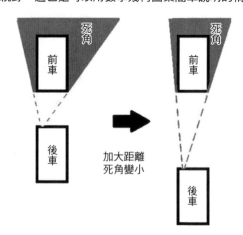

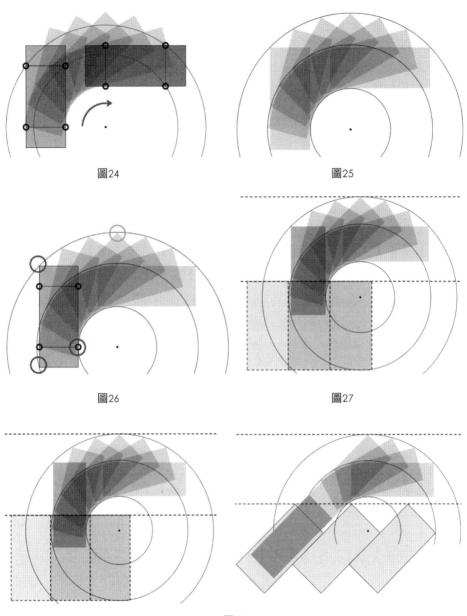

圖24

圖25

圖26

圖27

圖28

8-10 **光年的意義**

　　光年這名詞好抽象，到底是什麼意思呢？我們常看到，新聞常說發現新的星星距離幾光年，所以我們可以知道說光年應該是一個距離，不是速度，那具體來說到底有多遠？故名思義是光走一年的意思，但還是很抽象，那麼光年到底是多長？或許有人知道說光一秒繞地球七圈半，如圖 29，但是我們也不知道地球一圈是多長，無法知道光一秒是速度多少。光的速度是由愛因斯坦所計算出來，光一秒的速度為 299,792,458 公尺，約 299,792 公里，也就是光一秒大約走 30 萬公里！一光年是光走一年，一年有 31536000 秒，所以一光年是光走 946,080,000 萬公里，約是 9.4 兆公里，多麼巨大的距離，對於一般人來說好遙遠，那距離幾光年的行星，適合人類生存，感覺上好像無法到達。

　　用地球超音速飛機的速度來說，要花多久才能到達距離一光年遠的行星呢？以目前戰鬥機來說，速度單位是用馬赫，（**註一：馬赫的速度與聲音的速度相同，也就是一馬赫為一秒走 340.3 公尺**），為了方便計算，假設太空梭在外太空速度可以到達一秒 3000 公尺，也就是一秒 3 公里（約是 8.8 馬赫）（**註二：實際上太空梭約為一小時 4800 公里，也就是一秒 1333 公尺**），所以光走一秒，這太空梭要走 10 萬秒，所以光走一年，這太空梭要走 10 萬年，見圖 30。

　　那麼討論光年，實在是太過遙遠，為什麼我們要去討論這遙不可及的星星，討論外星移居似乎非常不可能。換角度想現有科技連太陽系內、或是地球本身都無法完全探勘，那為什麼要加以討論光年呢？難道是因為擔心其他星系外星人侵入，如果外星人的科技可以跨越光年，那麼我們應該怎麼抵擋都無效，那為什麼還要再去觀察哪邊有新的星星呢？

　　事實上，觀測科技與運輸工具科技，本就是一個不等速成長的兩種科技，早在望眼鏡的年代可以看到的高山或是海外小島，我們也不見得有辦法到達該地方，只能等待未來有運輸業突破性的發展才能縮短運輸時間，而現在的觀測能說是研究星體之間的關係與軌跡，或是預測太空的殞石是否有侵襲地球的可能。我們的運輸正在努力的突破，或許在不久後的將來就能到達以光年為單位的外星球。

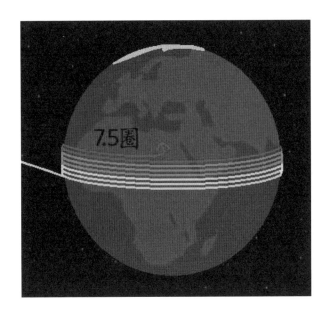

圖29

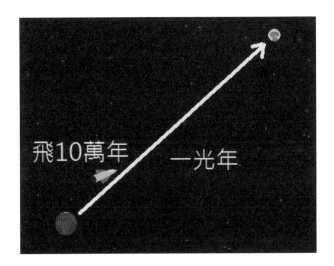

圖30

8-11 **時速與安全距離**

　　現在手機與平板非常普及，邊走路邊低頭玩稱為低頭族，甚至連開車也在使用這些行動裝置，大家沒有注意為什麼低頭會有危險？到底有多危險？這邊要了解什麼是時速？時速是機車、汽車的速率一小時可以走幾公里。而實際上大家對於時速根本沒有直觀上的感覺，僅剩下相對意義，數字大就是快，數字越大是越快，但是實際上大家卻根本不知道它到底多快，根據教學經驗，小學生根本不在乎時速有多快，問成年人它們也不清楚時速數字的意義，而事實上時速的價值對於生活上的意義並不高，在事情處理上還是換成一秒是移動多少，也就是秒速幾公尺，才能較直觀的了解是多快，所以我們在處理速度上的認知上，仍然與小孩子一樣，一秒鐘可以跨越幾公尺才知道是多快，否則其實時速 60 跟 80，對於大多數人就只是個數字，到底多快並不知道，只知道 80 比 60 快，都很危險，無法具體的去了解增加了多少危險，以及需要提前多少準備時間來躲過危險，見表 6。可以看到時速 60 公里就已經接近 1 秒 16.7 公尺，如果低頭 3 秒幾乎是滑行 50 公尺，而這 50 公尺內如果不是空無一物的話那麼悲劇就發生了，所以不可以邊開車邊玩手機或平板。

　　有鑑於時速幾公里如此的無感，應該是換成秒速幾公尺才會讓人知道，原來在該速率下發呆一秒有多危險，幾公尺內都必須是老天保祐才不會發生意外，所以我們應該在速率的使用秒速幾公尺，而不是時速幾公里。

　　當然會有人認為說換成秒速幾公尺，會感覺變的比較不危險，比如說，兩台車以時速 120 公里相撞，換成兩台車以秒速 33.3 公尺相撞，哪個危險？事實上大家會認為數字大看起來比較危險，而計算上才知道那是相同的意思，但在實際上大家還是會不可避免的越開越快，就是因為根本不知道自己開多快，數字只是抽象意義，而秒速幾公尺則比較能讓人感覺到速率的差異性、危險性。

　　當然也有人會說不管是時速幾公里還是秒速幾公尺，都不能確定安全距離，也就無法來閃避危險，所以對這些人來說不管是怎樣的速率單位都沒有意義。而這邊我們只能確定說時速無法掌握隨時計算安全距離，但是秒速公尺相對來說比較可以掌握距離，最起碼開車久了，可以知道這段距離約差幾個車身。以時速 40 為例，恍神一秒會跑出去約 11 公尺就約莫是 3 個車身（一個車身約為 4 公尺），所以實際上我們還是能大約判斷距離，來注意安全。

　　故制定道路限速表的單位上一開始就錯了，制定了讓人完全沒有感覺危險的單位，但由於現在更改單位會導致交通的不習慣與混亂，更甚至到國外的混淆，只能將錯就錯的繼續使用，而我們唯一能作的是開慢點，以及不要低頭玩手機或是平板。多記憶多少時速公里是對應多少秒速公尺，才能比較安全。

表6：低頭開車的危險性，低頭或是恍神1秒、2秒、3秒的滑行距離（公尺）。

	1秒	2秒	3秒
時速40公里＝秒速11.1公尺	11.1	22.2	33.3
時速50公里＝秒速13.9公尺	13.9	27.8	41.7
時速60公里＝秒速16.7公尺	16.7	33.3	50.0
時速70公里＝秒速19.4公尺	19.4	38.9	58.3
時速80公里＝秒速22.2公尺	22.2	44.4	66.7
時速90公里＝秒速25 公尺	25.0	50.0	75.0
時速100公里＝秒速27.8公尺	27.8	55.6	83.3
時速110公里＝秒速30.6公尺	30.6	61.1	91.7
時速120公里＝秒速33.3公尺	33.3	66.7	100.0

＋ 知識補充站

補充說明1：

市區限速也是類似概念，再加入輪胎與地面的摩擦係數，以及反應時間的因素，來加以制定各路面的最高速度。以及火車降下來的安全桿的時間也都是利用類似概念。

補充說明2：

為何我們會有時速幾公里的用法，在不同的城市之間我們使用的距離單位是公里，而我們常用的時間單位是小時，所以很自然的使用單位就會變成時速是幾公里，以方便判斷甲城市到乙城市，要花多久及多遠。

補充說明3：

因天雨路滑或路面潮溼，濃霧、強風、大雨等天候欠佳狀況、夜間行駛及下坡路段、隧道內、高速公路、爆胎等特殊狀況，行車間需保持一定的安全距離，才有足夠的時間來應變突發狀況，安全距離依情況改變。簡單計算安全距離方法：

1.以速度計算安全距離

小型車以「速度除以2」的距離（單位為公尺），如：時速60公里，與前車安全距離為60÷2＝30公尺；大型車以「速度減20」的距離（單位為公尺），如：時速60公里，與前車安全距離為60－20＝40公尺。

2.以時間計算安全距離

小型車以2秒鐘以上的移動距離，如：時速60公里，秒速16.7公尺，所以小型車的兩秒約距離前車33公尺；大型車以3秒鐘以上的移動距離，如：時速60公里，秒速16.7公尺，所以大型車的三秒約距離前車50公尺。

8-12 **為什麼三角形內角和都是180度**

在小學學習的時候，規定圓形 360 度、所以直角是 90 度，平角是 180 度。而三角形的 3 個角撕下來後可以拼成一個平角，所以三角形內角和都是 180 度，見圖 31。但是有沒有為什麼三角形內角和都是 180 度的詳細證明？這邊以圖形來講解，把三角型分為三大類，直角、銳角、鈍角三角形。

直角三角形：

長方形對切一半，可觀察到底一樣，高一樣，所以對切下來的兩個三角形一樣大，所以明顯看出直角三角形是長方形內角和的一半，長方形有 4 個直角，所以直角三角形有 2 個直角，見圖 32。

銳角三角形：

看圖形補一個長方形在後面，可以拆開成 2 個長方形，見圖 33。所以內角和是 2 個長方形內角和的一半，就是一個長方型的內角和。長方型的內角和是 4 個直角。由於拆開關係，多算了 2 個直角，見圖 34。所以要算出三角型內角和要扣去多的 2 個直角。長方型的內角和－ 2 個直角＝ 4 個直角－ 2 個直角＝ 2 個直角，2 個直角＝長方型內角和的一半＝銳角三角形內角和，所以銳角三角形內角和是長方型內角和的一半。

鈍角三角形：

將鈍角三角形旋轉一下，內角和原理就跟銳角三角形一樣。鈍角三角形內角和是長方型內角和的一半，見圖 35。

結論：

所以可知，所有的三角型的內角和，都是長方形的內角和的一半，都是 2 個直角，所以三角形是 180 度。

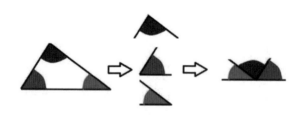

圖31：剪貼後為平角

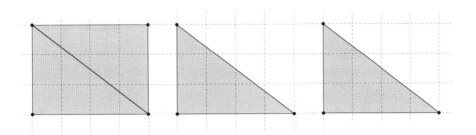

圖32：直角三角形

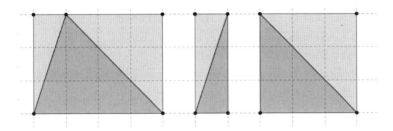

圖33：銳角三角形一

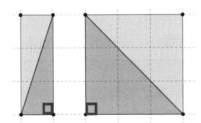

圖34：銳角三角形二

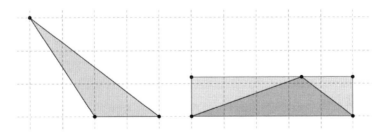

圖35：鈍角三角形

8-13 指數（二）：指數的威力、做事不可一曝十寒

指數的生活相關

老鼠會增加成員

近 40 年來，台灣有了新型銷售形式，不經過商家，由廠商給會員自行販賣，而薪水就是販賣商品的價格乘上比例。同時賣給別人時，也可將購買者拉進銷售者行列，成為自己的下線，自己稱為上線，而下線販賣的價格乘上比例，這部分也是上線的薪水。而下線的下線也有部分是自己的，這樣反覆執行有限次，各家依比例不同，而這樣的結構稱為老鼠會。因為他們希望，可以永遠越來越多的人來購買，並且每個人可以口耳相傳出去，並一起當銷售者，來良性循環。

如：假設最一開始的人，找了兩個下線，這兩個下線再找兩個，那每個人都賣 3 萬，上線的薪水是自己賣的 10%，並可向下抽 3 層，每層抽 10%，來當自己的薪水。所以薪水結構見圖 36

可發現金字塔頂端的人可以收 15 個 3 萬的 10% = 4.5 萬，但其實自己只做了 3 萬的銷售，而其它的銷售是下線指數兩倍成長做出來的，所以才會被稱為老鼠會。比起每月的固定薪水，老鼠會的指數成長薪水會來得比較多。但因為有諸多限制，所以也不是每個人都能成功。但我們仍可以由此可知指數成長速度遠大於倍數成長速度。

台南故事：米換豬肉

在民國 58 年前，發生在台南的真實故事，米商用米與豬肉商交換豬肉，彼此約定第一天 1 粒米換 10 台斤豬肉、第二天 2 粒米換 10 台斤豬肉、第三天 4 粒米換 10 台斤豬肉、第四天 8 粒米換 10 台斤豬肉、每天米粒乘 2 倍，豬肉不變，持續 30 天。

米商覺得有利可圖，答應交換。為了要公信力，找保證人簽定交換契約。但簽定後，再次計算，發現 30 天後要付出 536870092 粒米，換算重量是近 32768 台斤，當時價格相當於 12 萬元。而豬肉 30 天後，才 300 台斤，當時價格相當於 6600 元。相差近乎 20 倍，憤而提告，但是由於出於自願、而且米商經手賣米多年，不可能不知道計算中間差價的問題，所以被判敗訴，米商因小失大。也由此可知指數成長速度遠大於倍數成長速度。

做事不可一曝十寒

我們常聽人說念書必須持之以恆，因為不天天念書就會忘記，也就是學如逆水行舟不進則退。那麼到底是差多少呢？我們假設進步與退步每天都是 10%，事實上退步比較多。我們參考圖 37、表 7，就知道有唸書與沒念書的差別。可發現退步比進步快。同理做任何事不可以一曝十寒，需要多多練習。

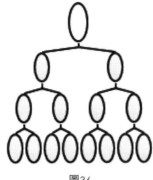

圖36

表 7

每天進步10%，所以7天後是$1 \times (1+10\%)^{7} = 1.9487$，進步快要兩倍 每天退步10%，所以7天後是$1 \times (1-10\%)^{7} = 0.4782$，退步超過兩倍
每天進步10%，所以15天後是$1 \times (1+10\%)^{15} = 4.1772$，進步要4倍多 每天退步10%，所以15天後是$1 \times (1-10\%)^{15} = 0.2058$，退步快5倍
每天進步10%，所以30天後是$1 \times (1+10\%)^{100} = 17.4494$，進步快要17.5倍 每天退步10%，所以30天後是$1 \times (1-10\%)^{100} = 0.0423$，退步快要24倍

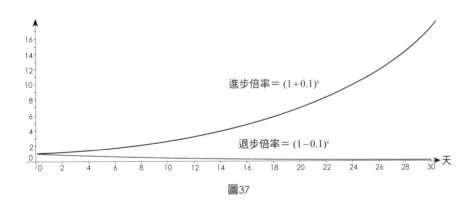

進步倍率$= (1+0.1)^{x}$

退步倍率$= (1-0.1)^{x}$

圖37

8-14 **指數（三）：各種存錢的本利和算法**

我們知道存錢有利息，且知道是複利形式，也就是所謂利滾利，也知道有多種存法與領法。但我們一般只知道一個公式：本利和＝本金 (1 ＋利率)^{期數}，這是不夠的，這個是存錢進去後不領它，最後一次領出來，定存也就是這樣的形式。但我們也知道銀行會給我們另一種方式參考，也就每一個月存一次，少量多餐，也被稱為零存整付。這兩種的差多少？由以下情況來學習。

情況 a：定存 24 萬，月利率 0.1%，存一年請問可以領多少？

經過 1 個月：本利和＝ $24 \times (1+0.1\%)$

經過 2 個月：本利和＝ $24 \times (1+0.1\%) \times (1+0.1\%) = 24 \times (1+0.1\%)^2$

經過 3 個月：本利和＝ $24 \times (1+0.1\%)^3$

經過 4 個月：本利和＝ $24 \times (1+0.1\%)^4$

⋮

經過 12 個月：本利和＝ $24 \times (1+0.1)^{12} \approx 24.2895$ 萬，最後有 24 萬 2895 元。

參考圖 38。

可看出**整存整付（定存）**公式：本利和＝本金（1 ＋利率）^{期數}

情況 b：每月存 2 萬，月利率 0.1%，存一年請問可以領多少？

第 1 個月存入 2 萬，目前 2 萬。經過 1 個月：本利和＝ $2 \times (1+0.1\%)$

第 2 個月再存入 2 萬，目前本利和＝ $2 \times (1+0.1\%)+2$

經過 1 個月，本利和＝ $(2(1+0.1\%)+1) \times (1+0.1\%) = 2(1+0.1\%)^2 + 2(1+0.1\%)$

第 3 個月再存入 2 萬，目前本利和＝ $2 \times (1+0.1\%)^2 + 2 \times (1+0.1\%)^2 + 2 \times (1+0.1\%)+2$

經過 1 個月：本利和＝ $(2 \times (1+0.1\%)^2 + 2 \times (1+0.1\%)+2) \times (1+0.1\%)$
$$= 2 \times (1+0.1\%)^3 + 2 \times (1+0.1\%)^2 + 2 \times (1+0.1\%)$$

第 4 個月再存入 2 萬，經過 1 個月：本利和
$$= 2 \times (1+0.1\%)^4 + 2 \times (1+0.1\%)^3 + 2 \times (1+0.1\%)^2 + 2 \times (1+0.1\%)$$

⋮

第 12 個月再存入 2 萬，經過 1 個月：本利和
$$= 2 \times (1+0.1\%)^{12} + 2 \times (1+0.1\%)^{11} + 2 \times (1+0.1\%)^{10} + \cdots + 2 \times (1+0.1\%)$$

參考圖 39

這是等比級數，公比為 (1+0.1%)，所以可利用等比級數公式： $S = \dfrac{a(1-r^n)}{1-r}$

得到 $\dfrac{2 \times (1+0.1\%) \times (1-(1+0.1\%)^{12})}{1-(1+0.1\%)} = 2 \times (1+0.1\%) \times \dfrac{(1+0.1\%)^{12}-1}{0.1\%} \approx 24.1565$ 萬

最後有 24 萬 1565 元。可以發現定存利息比較高，但相對的一開始就要拿出全額。

可看出**零存整付**公式：本利和＝ $\dfrac{每月存入 \times（1 ＋利率）\times（（1 ＋利率）^{期數}-1）}{利率}$

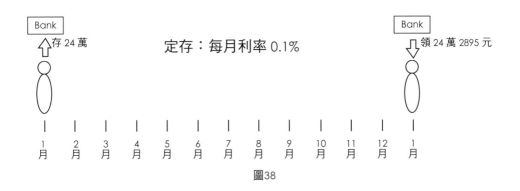

圖38

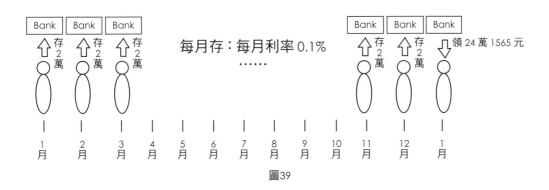

圖39

＋ 知識補充站

　　銀行如果讓客戶存錢給利息，那麼銀行要如何賺錢呢？答案是他借錢給別人來賺取利息，或是推出各式各樣的保險，以及利用一定存款作投資，由以上獲利用來支付營業、人事的開銷。然而銀行一開始並不是讓人存錢給利息，而是讓人存錢還要付保護費用。

8-15 指數（四）：各種還錢的本利和算法

由指數（三）：各種存錢的本利和算法的情況 a 與情況 b 可知兩種存款方式差異性。那借錢，選一次還清或是分期付款，又有什麼差異性呢？還款的性質，也等同於退休金的一次領回或是分期領回。

情況 c：借 24 萬，月利率 1%，一年後請問還多少？

經過 1 個月：本利和＝ $24 \times (1+1\%)$

經過 2 個月：本利和＝ $24 \times (1+1\%) \times (1+1\%) = 24 \times (1+1\%)^2$

經過 3 個月：本利和＝ $24 \times (1+1\%)^3$

經過 4 個月：本利和＝ $24 \times (1+1\%)^4$

$\vdots$

經過 12 個月：本利和＝ $24 \times (1+1\%)^{12} \approx 27.0438$ 萬，最後還 27 萬 438 元。

參考圖 40。

可看出是一次還清是**整存整付（定存）**公式：本利和＝本金（1＋利率）^{期數}

情況 d：借 24 萬，月利率 1%，每月攤還，一年還清，一個月還多少？

第 1 個月借 24 萬，目前欠 24 萬。經過第 1 個月：欠款本利和＝ $24 \times (1+1\%)$

第 1 個月底還第 1 期 x 元，目前欠款＝ $24 \times (1+1\%) - x$

經過第 2 個月：欠款本利和＝ $(24 \times (1+1\%) - x) \times (1+1\%)$

$\qquad\qquad\qquad\qquad = 24 \times (1+1\%)^2 - x \times (1+1\%)$

第 2 個月底還第 2 期 x 元，目前欠款＝ $24 \times (1+1\%)^2 - x \times (1+1\%) - x$

經過第 3 個月：欠款本利和＝ $(24 \times (1+1\%)2 - x \times (1+1\%) - x) \times (1+1\%)$

$\qquad\qquad\qquad\qquad = 24 \times (1+1\%)^3 - x \times (1+1\%)^2 - x \times (1+1\%)$

第 3 個月底還第 3 期 x 元，目前欠款＝ $24 \times (1+1\%)^3 - x \times (1+1\%)^2 - x \times (1+1\%) - x$

經過第 4 個月，還第 4 期 x 元，目前欠款＝

$$24 \times (1+1\%)^4 - x \times (1+1\%)^3 - x \times (1+1\%)^2 - x \times (1+1\%) - x$$

$\vdots$

經過第 12 個月，還第 12 期 x 元，

目前欠款＝ $24 \times (1+1\%)^{12} - x \times (1+1\%)^{11} - x \times (1+1\%)^{10} - \cdots - x$

還第 12 期，欠款還清，所以 $0 = 24 \times (1+1\%)^{12} - x \times (1+1\%)^{11} - x \times (1+1\%)^{10} - \cdots - x$

計算出 x 就是每月要還的錢。移項可得，

$$24 \times (1+1\%)^{12} = x \times (1+1\%)^{11} + x \times (1+1\%)^{10} + \cdots + x$$

這是等比級數，公比為 $(1+1\%)$，得到 $24 \times (1+1\%)^{12} = \dfrac{x(1 - (1+1\%)^{12})}{1 - (1+1\%)}$

每月還款： $x = 24 \times (1+1\%)^{12} \times \dfrac{1\%}{((1+1\%)^{12} - 1)} \approx 2.1324$ 萬。

參考圖 41 所以每月還款 2 萬 1324 元，總共還 25 萬 5884 元。比起一次付清 27 萬 438 元，少付 1 萬 4554 元。

可看出分期付款公式：

$$\text{每期還款}=\text{借款}\times(1+\text{利率})^{\text{期數}}\times\frac{\text{利率}}{((1+\text{利率})^{\text{期數}}-1)}$$

由指數（三）、指數（四）就能大略理解，存款利息的計算，以及分期付款的計算，當然在此計算的是固定利率，而實際上某些情況是用浮動利率計算，所以必須再去請專門人員來計算。

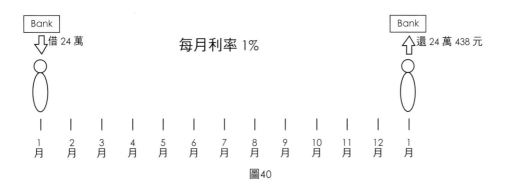

圖40

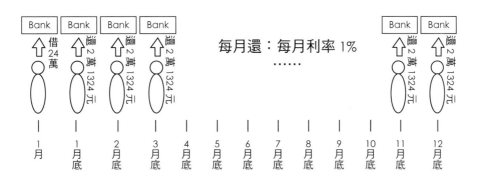

圖41

互動及視覺微積分

作　者　吳作樂、吳秉翰
ISBN　978-957-11-7785-4
書　號　5BH6
定　價　580元

本書不同於多數的微積分：
1. 從積分開始，再講微分，極限當預備知識，由直覺到嚴謹。
2. 認識積分公式不是由切等寬長條方式而來。
3. 強調微分與積分關連性，讓學生了解微分與積分兩者間的互逆關係。
4. 強調實際應用中，很多函數無法用書上技巧得到積分，要使用積分表。
5. 無窮級數只學實用面，學會泰勒展開式，就足夠應付大多的應用。
6. 本書光碟有大量數學與藝術的動態影片，可讓學生了解數學的藝術面，也可上 Youtube 搜尋「波提思」或「praxismathwu」即可觀看數學的藝術影片。

　　本書避免使學生無法理解，只好死背公式的學習方法。使用互動及視覺微積分，可以輕鬆理解微積分的基本概念。用數學發展的歷史來敘述微積分，模擬數學家的思路，讓學生可以輕鬆學習微積分，理解後再記憶公式。並且本書有以上優點，而且由實際教學經驗證實，大家都能學好微積分，知道微積分用在何處。

3D 列印決勝未來
（附光碟）

作　者　蘇英嘉
ISBN　978-957-11-7655-0
書　號　5A97
定　價　500元

　　本書內容包含 3D 列印的基礎知識與應用。3D 列印技術已於市面上廣泛的運用，無論是學生、工作室或中小企業，都能盡情地 藉由 3D 列印發揮無限創意。本書概述了 3D 列印，從入門到進階的軟體設計應用，讓準備學習 3D 列印或已經購買了 3D 列印機的讀者們，能夠透過此書在學習軟體應用方面，能夠有一個明確的方向指引。

　　本書中介紹了多款關於 3D 列印相關的免費試用軟體，能夠解決 3D 列印模型的各種疑難雜症，例如：破面修補、分割模型、卡榫製作、支撐材設計、3D 掃描應用及後加工處理等。讓讀者以最經濟實惠的軟體資源，發揮最大的創意設計。

簡易離散數學

作　　者	黃西川
ＩＳＢＮ	978-957-11-6931-6
書　　號	5Q27
定　　價	380 元

ＩＳＢＮ　978-957-11-6931-6
書　　號　5Q27

本書特色

　　不論你喜不喜歡數學，這本書將帶給你學習上的喜悅。

　　這本書是以讀者學習立場而寫的，沒有艱澀的敘述，沒有過於複雜的數學證明，因為作者深知，當你知道解 2 ＋ 3x ＝ 5 的原理時，距離要解 32.258 ＋ 4.17x ＝ 55.3698 也就不遠了。這也是本書叫做《簡易離散數學》的原因。

　　當你想學離散數學，最重要的是耐心與信心，許多年輕人害怕數學，最主要的是缺乏信心，一有挫折就縮手，因此本書的例子甚多，由淺到稍有難度，許多都是大家在國中時代已有的學習經驗，學習過程中只要循序漸進，打下好的基礎。有了基礎在上一層樓即並非難事。重要的是它可建立你學習數學的信心。一旦有了信心，數學大門就為你而開。

　　本書對不同的讀者是有不同的功能，例如：如果你是一位高中生，本書可進一步強化數學經驗，以打好未來入大學後的數理基礎，如果你正在修習離散數學，本書言簡意賅，可點撥你唸原文書的困難，如果你是一位科大資科系或電資系老師，這本書可解決你尋覓教材之苦，此書也會讓學生輕易地理解你上課時之講授內容。如果你不是資科系背景想赴國外攻讀資訊相關科系，可用本書預習。

資料庫系統
（附光碟）

作　　者	余顯強
ＩＳＢＮ	978-957-11-7737-3
書　　號	5R21
定　　價	520 元

本書特色

學習不僅是要「知道」，還要能夠「做到」

　　資料庫系統是資料處理與資訊管理系統的核心，因此熟悉其理論與設計是開發 大型資訊應用系統不可或缺的能力。本書在內容上著重於理論與實務兼具，針對實務所需的理論加以介紹，並透過實務的操作，提供學習者熟練 SQL Server 資料庫的使用，目標在於提供學習者能夠花費最短的時間建立資料庫設計與開發足夠的理論基礎與專業技能。

學習不僅是要「單一」，還要能夠「全面」

　　資料庫系統需要搭配應用程式協同運作，才能發揮資訊管理、進而實現資訊傳播的效果。本書不僅涵蓋資料庫系統的理論與應用實務，亦涵蓋現今最廣為使用的 Java 程式語言，融會貫通應用程式與資料庫結合之資訊管理系統開發的學習目標。

快速讀懂日文資訊
（基礎篇）－科技、
專利、新聞與時尚資訊

作　　者　汪昆立
ＩＳＢＮ　978-957-11-6262-1
書　　號　5A79
定　　價　420 元

本書特色

　　日本的科技技術並不亞於歐美國家，甚至在某些方面更為超越，因此獲取其相關資訊，是了解最新科技發展技術與知識的最佳途徑。有感於日文對研究發展之重要性，本書匯整學習科技日文所需的相關知識，撰寫方式以非熟悉日文讀者為對象，由五十音、日文的電腦輸入與查詢、助詞的基本 用法、動詞的基本變化、長句的解析、科技日文中常見的語法及用法等，作出系統整理；對於日本資訊抱持興趣、卻因看不懂坊間文法書而不得其門而入的讀者，藉 由本書將有助短時間內學會如何看懂日文科技資訊，甚而進一步引發對語言的興趣，為一知識與實用兼具之日文學習書。

核能關鍵報告

作　　者　陳發林
ＩＳＢＮ　978-957-11-7760-1
書　　號　5A98
定　　價　280 元

本書特色

　　這是一本介紹歷史人物與事件的文字匯集。全書分成三章和一後記，故事從三千年前的古希臘思想開講。在第一章中，作者以自然哲學發展的關鍵人物與其貢獻為主體，逐一論述建構這三千年思想主軸的人物與事件。在第二章中，作者闡述為何研製一顆核彈卻需動用有史以來最優秀的人力、最龐大的物力，配合最嚴格的研發和管理架構來執行；而整體計畫能奇蹟式地在 3 年內完成，清楚展現人類在毀滅邊緣的掙扎中，所能爆發的集體創造力是何等驚人。在第三章中，作者將歷史焦點轉到核電；這原本被稱為核能之和平用途者，有著低到無法計價的電力成本，卻演變成規模不同的各類核災，造成諸多社會不安與環境浩劫。最後，作者以本書所列諸多核電廠的歷史案例為根據，對台灣可能即將舉辦的「核四公投」這還沒成為歷史的事件做出評論。

　　在 1946 年 7 月 1 日，美國時代週刊的封面把愛因斯坦的頭像和核彈爆炸的蕈狀雲放在一起，並在 E= 的公式旁加註「一切物質都是由速度和火焰構成」，著實反映出人類對使用核能的憂慮。當核分裂技術將原子中所夾帶的能量釋放出來後，人類並沒享受到潔淨且無限供應的能源，所帶來的卻是先有兩次毀滅性的屠殺，然後是未用完燃料所留下無盡的輻射。本書所整理的珍貴資料，應可引領讀者進入一波反省的思緒，以成就本書的使命。

X 的奇幻旅程：從零到無限的數學

作　　者　史帝芬・斯托蓋茨
譯　　者　王惟芬
ISBN　978-957-11-9051-8
書　　號　RE23
定　　價　380 元

本書特色

一位世界級的數學家兼《紐約時報》的專欄作家，將帶領我們展開一場愉快的旅程，探索數學界的重大觀念，同時讓我們看到數學和其他領域間令人意想不到的關連，從文學、哲學、法律、醫學、藝術、商業一路探索到流行文化。

辛普森真的是兇手嗎？應該要如何翻轉床墊才能得到最大效益，盡可能延長使用期限？Google 是如何在網路上搜尋的？在你決定終身伴侶前應該要和多少人交往？不管你信不信，數學在這些問題中扮演著關鍵的角色。

數學是宇宙萬物的基礎，包括你我在內，但很少有人通曉這套世界性的語言，並且能夠揭露出當中的智慧、美麗和樂趣。本書深具啟發性和娛樂性的書寫方式將數學搖身一變，改造成一場寓教於樂又驚險刺激的旅程。《X 的樂趣》的每一章都為人帶來豁然開朗的喜悅，從為什麼數字對我們有幫助，到隱含在 π、畢氏定理、無理數、長尾中的奇妙真理，甚至連艱深的微積分看起來都具有獨特的魅力。身為頻頻獲獎的康乃爾大學教授，斯托蓋茨在《紐約時報》的數學專欄大獲好評，他將讀者設定為只具有好奇心和常識的人，因此他以清楚、機智的筆調來撰寫這些文章，時而搭配上有趣幽默的解釋，展現出數學這門專業科目中最重要、最激動人心的種種原則。

不管你是精通微積分的數學高手，還是連整數都搞不清楚是什麼的數學白痴，都能在《X 的樂趣》中獲得深刻的啟發和數不盡的樂趣。

伴熊逐夢－台灣黑熊與我的故事

作者 楊吉宗
ISBN 978-957-11-7660-4
書號 5A81
定價 300 元

本書特色

本書為親子共讀繪本，內文具豐富手繪插圖、全彩，並標示注音，除可由家長陪伴建立孩子對愛護動物及保育觀念，中、低年級孩童亦能自行閱讀。

作者以淺白易懂的文字，讓讀者皆能細細體會保育動物－台灣黑熊媽媽被人類馴化、黑熊寶寶的孕育，直至最後野化訓練。是為最貼近台灣黑熊的深情故事繪本。

國家圖書館出版品預行編目資料

圖解數學／吳作樂，吳秉翰著. －－二版.
　－－臺北市：五南圖書出版股份有限公司，
　2018.02
　　面；　公分
　ISBN 978-957-11-9514-8（平裝）

1.數學

310　　　　　　　　106022769

5Q31

圖解數學

作　　者 — 吳作樂（56.5）、吳秉翰

發 行 人 — 楊榮川

總 經 理 — 楊士清

總 編 輯 — 楊秀麗

副總編輯 — 王正華

責任編輯 — 金明芬

封面設計 — 劉好音、姚孝慈

出 版 者 — 五南圖書出版股份有限公司

地　　址：106台北市大安區和平東路二段339號4樓

電　　話：(02)2705-5066　　傳　　真：(02)2706-6100

網　　址：https://www.wunan.com.tw

電子郵件：wunan@wunan.com.tw

劃撥帳號：01068953

戶　　名：五南圖書出版股份有限公司

法律顧問　林勝安律師事務所　林勝安律師

出版日期　2015年2月初版一刷
　　　　　2018年2月二版一刷
　　　　　2021年2月二版二刷

定　　價　新臺幣300元

經典永恆·名著常在

五十週年的獻禮——經典名著文庫

五南，五十年了，半個世紀，人生旅程的一大半，走過來了。

思索著，邁向百年的未來歷程，能為知識界、文化學術界作些什麼？

在速食文化的生態下，有什麼值得讓人雋永品味的？

歷代經典·當今名著，經過時間的洗禮，千錘百鍊，流傳至今，光芒耀人；

不僅使我們能領悟前人的智慧，同時也增深加廣我們思考的深度與視野。

我們決心投入巨資，有計畫的系統梳選，成立「經典名著文庫」，

希望收入古今中外思想性的、充滿睿智與獨見的經典、名著。

這是一項理想性的、永續性的巨大出版工程。

不在意讀者的眾寡，只考慮它的學術價值，力求完整展現先哲思想的軌跡；

為知識界開啟一片智慧之窗，營造一座百花綻放的世界文明公園，

任君遨遊、取菁吸蜜、嘉惠學子！